赚钱的底层逻辑

你的认知正在阻碍你

THE UNDERLYING
LOGIC OF MAKING MONEY

理利源 著

电子工业出版社

Publishing House of Electronics Industry

北京·BEIJING

内 容 简 介

本书秉持太阳底下没有新鲜事、存在的就是合理的理念，始终追求深刻道理在准确表达和通俗易懂之间的平衡，以十多个商业生活中遇到的严肃问题和现象开始，提出了每个人都是一个商人、每个人的目光都是一所监狱等观点，继而抽丝剥茧，找到了赚钱的底层逻辑，并进一步揭示出赢利能力缺失的根本原因，让个人和公司更有"钱途"。

全书深入浅出、通俗易懂，特别适合互联网企业、传统企业、政府机关等的职场人士，以及高校师生和学生家长阅读。

图书在版编目（CIP）数据

赚钱的底层逻辑：你的认知正在阻碍你 / 理利源著 . —北京：电子工业出版社，2024.6

ISBN 978-7-121-47522-1

Ⅰ.①赚… Ⅱ.①理… Ⅲ.①成功心理－通俗读物 Ⅳ.① B848.4-49

中国国家版本馆 CIP 数据核字（2024）第 057406 号

责任编辑：张　楠
印　　刷：唐山富达印务有限公司
装　　订：唐山富达印务有限公司
出版发行：电子工业出版社
　　　　　北京市海淀区万寿路 173 信箱　邮编　100036
开　　本：880×1 230　1/32　印张：7.25　字数：185.6 千字
版　　次：2024 年 6 月第 1 版
印　　次：2024 年 6 月第 1 次印刷
定　　价：49.80 元

凡所购买电子工业出版社图书有缺损问题，请向购买书店调换。若书店售缺，请与本社发行部联系，联系及邮购电话：（010）88254888，88258888。

质量投诉请发邮件至 zlts@phei.com.cn，盗版侵权举报请发邮件至 dbqq@phei.com.cn。

本书咨询联系方式：（010）88254579。

自序：

赚钱的底层逻辑就是商业认知

　　自序对于一本书而言，就像一名厨师在刚做好的一桌菜前面和食客说的一段话。客人来自远方，可能会对这桌菜不熟悉，厨师在报菜名、说特点、介绍烹调手法、告知食用要点之后，客人就可能吃得更加惬意、酣畅。

　　这一次，我这个"厨师"是在先看清了客人及需求之后才开始做菜：在确定了本书的主题和整体构思后，我的脑海中就清晰、真切地浮现出本书读者的面孔和神情。之前虽写过几本书，但在没开始动笔之前就能看清读者模样还是第一次，他们都是这些年因为各种困惑找过我的人：新来公司适应起来有点困难的秘书小王；后悔给孩子选错专业，托我为儿子换工作的老何；困惑于技术和体验哪个领先且怎么做也不赚钱的创业者大孟；自己管的小培训学校做得非常好，但一建分校就管不过来的吴校长；当了主管，没了"死党"，感觉自己已众叛亲离的小刘；创业后为员工流失、业务下滑发愁的小孙；接了父母的班，但不知道下一步该怎么做的小宋；托人找到我咨询他28岁儿子的职业应如何选择的老蔡；40岁离开外企创业的老朋友老陈，等等。

我清楚记得和他们一起讨论时的场景，也依稀记得当时讨论过的问题，但我自己曾经帮他们做了哪些分析、出了什么主意，已经有些模糊。不过他们和我见面时写在脸上的焦虑、无助仍浮现在我脑海里。可能是因为有时候我也处于深深的焦虑中，所以很容易被这种焦虑感染。

因为能力、时间等限制，虽然我很希望能尽可能多地帮到他们，但是一定还有很多人没有得到期待的结果。有一点我比较确定，就是后期找我的人肯定比早期找我的人得到的帮助多一些：一方面，随着与我沟通的人越来越多，我对大家问题的共性认识越来越深刻，我自己的判断、认知也在一次次的沟通中体系化、理论化，且能逐渐感觉到一套完整的逻辑在帮助别人时展现出的力量；另一方面，我能从他们离开时的表情读出差异，即越往后的人越有大梦初醒之感，甚至有的人表示感觉醍醐灌顶。虽然这种表达感谢的方式一定包含很多鼓励和过誉的成分，但是看着他们逐渐舒展的眉头，我还是由衷地感到开心。

为什么大家会向我寻求帮助呢？我想，一方面是因为互联网行业是朝阳行业，大家想通过我这个老互联网人了解这个行业；另一方面，商业认知正好也是我每天都在考虑的问题：为什么流量成为企业最重要的需求？有了流量后他们做了哪些工作生意才越来越好？为什么移动互联网的时代来临后个人生意的机会增加了？为什么中国的互联网公司需要那么多的运营服务人员等。

在和他们交流的过程中，我发现对个人职业发展的焦虑，以及公司高管在业务中遇到的主要问题，归根结底都是一样的，即因商业认知的缺乏或错误导致的对公司或个人前途的严重担心。在现实生活中，"前途"即"钱途"，在市场经济的大环境下人们对商业认知的缺乏，导致在业务或职业发展中产生对"钱途"的困惑；而商业环境的变化增加了不确定性，导致人们对未来产生了进一步担心，继而产生严重的焦虑。其实商业就是可持续协同的艺术。从需要协同的角度看，我们每个人都是一个商人，我们需要正视赚钱的逻辑：作为公司，需要知道企业赚钱的底层逻辑；

作为个人，需要理解自己在帮助公司赚钱这件事上的底层逻辑。所谓底层逻辑，就是实现一个目的的充分条件。在大多数情况下，人们的焦虑都是因为知道了一些必要条件，但不知道充分条件，即知道了为什么做不好，但不知道怎么做才能做好。

针对所有这些问题，顺着自己商业认知的路径梳理、分析，发现商业认知最重要的是要准确、深刻地回答关于商业概念的四个问题，而不是像学术和常识认知那样只是对其中的一个或两个问题进行回答，这四个问题分别为"是什么""为什么""怎么做""怎么说"。对这四个问题的回答和理解不仅有内在的顺序，而且必须是有机的、逻辑严谨的整体。这四个问题的答案需要一起支撑起组织或个人的愿景和使命，而四个问题合在一起的整体，又可能会被更多的商业场景调用或引述。为了便于理解、分析和应用，我把这四个问题类比为一个凳子的一个面和三条腿，这样就产生了商业认知的"一面三腿"凳子模型。

基于这个凳子模型分析问题就有豁然开朗之感：商业世界是一个协同的世界，每个人都是通过自己的凳子与别人协同，但需要的是一个完整、结实的凳子。只有结实完整的凳子，才是好的商业认知，很多人的商业认知停留在飞盘、蒲公英或者蘑菇的阶段。人和人、组织和组织的差异其实是凳子数量和质量的差异：职业发展就是不断地造凳子和修凳子；商业沟通就是和别人一起上凳子；公司的管理就是在根据需要规划凳子、加凳子；管业务就是管凳子；管人就是照顾凳子；组织发展就是变换凳子阵以支撑新的愿景或使命……

随着凳子模型的不断使用，我越来越深刻感受到"每个人的目光都是一所监狱"，而商业认知的目光限制更是一所大监狱，它把太多人和组织挡在机会、财富、健康发展的高墙之外，而家长、老板、老师、配偶的目光监狱，还能把自己的子女、员工、学生、家属挡在高墙之外。心远在高墙之外，身被目光限制在高墙之内，焦虑就随之而来。

是时候一起突破这个高墙、提升每个人的商业目光、升级每个人的商业认知、释放每个人的商业潜力了。因为我们不仅越来越深刻地体会到商业认知的价值，也正在越来越能感知到基于法制环境下自由交换的美好。

于是，我把这些年商业认知方面的心得体会记录下来，最终形成了这本书，特别送给那些曾经找我解惑的人们，是他们帮助我完成了这本书的写作，也希望能送给他们背后更多的小孙、老黄、老赵、老李们，以及萌萌他爸、小朱他妈，还有孙老师、王老师们。

- 他们是大学生和职场新人，我知道他们的病和痛，如果完善了角色认知和业务认知的小凳子，他们就能快乐地获得职业成长。
- 他们是公司老板和管理者，我也知道他们的病和痛，如果完善了基本的业务认知和角色认知的小凳子，他们就能事半功倍、更舒展地获得成功。
- 他们是老师、家长、家属，如果打开他们的目光监狱，他们的爱不会变为没有眼光和没有安全感的控制，他们就能在自己具有足够多安全感的前提下给自己深爱的人更为广阔的天地。

在我看来，写书就如同做一个互联网产品或一道菜肴，用户体验是最关键的，我希望我的书容易理解且读起来不累。

- 容易理解是指连门口卖茶叶蛋的老太太也能看懂。我深知，其实每个人都是有凳子的人，只有借助他们自己已有的凳子，才能把他们带到商业认知的凳子上来。
- 读起来不累，是指没有什么地方需要额外查找词典或背景知识才能理解，没有什么概念或道理需要经过长时间反反复复地思考和猜测才能悟出。

太阳底下没有新鲜事，大多数深奥的道理就是一层窗户纸而已，这本书就想成为捅破商业认知那层纸的手指。

我知道，一本书无论怎样全面都是不够的，受限于自己的认知局限性，本书还有很多地方不准确、不完善，但凳子模型的方法论，也是我自己修炼商业认知的方法，若大家能掌握这个理念和方法，则比具体掌握几个凳子更为重要。

著者

2024 年 1 月

目录

目录

[CONTENTS]

第一章

商业认知囚徒的集体焦虑

第二章

从探寻商业和商业认知的特征开始

第三章

商业认知的本质

第四章

承载更大的价值和意义

第五章

认知升级的七项全能系统

第六章

管理者认知的应知应会

第七章

大学生和职场新人认知的应知应会

结语

做新商业文明的见证者和创造者

商业认知囚徒
的集体焦虑

01
每个人的目光都是一所监狱 /

在完成本书的整体策划后，我就开始思考如何开篇。这么重要的话题，如何从一开始就能引起大家的重视并理解本书的目的和意义，且能让大家最终有所收获呢？有一句话突然浮现在我脑海中："每个人的目光都是一所监狱。"这是曾经让我浑身一激灵的话，很适合在本书开始处和大家分享，希望也能给大家带来一激灵的感觉。

是的，每个人的目光都是一所监狱，几乎所有人都被自己的目光结结实实地"囚禁"过：没有在某只股票上涨前大量买入，又没有在下跌前及时卖出；没有早点进入互联网行业；没有看到中国的飞速发展而选择了出国发展……

目光和视野是一个人对未来趋势和方向的预判，如果一个人的目光已经超越了围墙，那么由一所围墙围成的真实监狱未必能挡住一个人走向未来的脚步；但一个人的目光绝对能挡住他前行的脚步，即便他早已身在墙外。

关于这一点，可能看过美国电影《肖申克的救赎》的人很容易理解：电影的主人公是银行家安迪，被人诬陷进了监狱，但他的目光始终没有被高墙限制，尝试每个可能的机会去尽可能地获得自由。无论是在楼顶请客喝啤酒还是在播放歌剧唱片，都是他思想和意志自由的体现。后来经过周密计划逐步赢得典狱长的信任，最终他的"目光"不仅带他突破牢房，而且继续实现财富和思想的自由，回到精彩的自由世界；而那个已经被监狱释放了拥有绝对自由的图书管理员，反而因难以适应监狱外没有围墙和强制规矩的生活，选择了上吊结束自己的生命。

在商业世界里，目光或眼光的监狱效应同样存在，正如著名的红顶商人胡雪岩所说："有一县的眼光，做一县的生意；有一省的眼光，做一省的生意；有天下的眼光，做天下的生意。"目光是一个商人在商业成就上的边界。假设在商品经济中每个人都需要依靠经营自己来改善生活、获取家庭幸福，那么每个人都是一个商人，每个商人也被囚禁在自己商业目光的"监狱"中。甚至，目光的监狱效应不仅在影响目光的主人，而且通过一个人将影响到更多人。

- 父母的眼光就是孩子的监狱：在教育方法、高考志愿填写、工作择业、娶妻生子之时，每一次的权威指导或给孩子的建议都受到父母眼光的限制，甚至最终把自己的子女限定在自己目光的监狱里，就像很多人也曾抱怨自己是父母目光监狱的受害者一样。

- 伴侣的目光可能是自己家庭的监狱：对安全感的过分追求、对控制感的追求、对商业认知的缺乏，在家庭成员最需要鼓励、支持的时候，一方选择了怀疑、否定，最终造成家庭财务的窘境，甚至出现了婚姻的危机。

- 老师的眼光可能会成为学生的监狱：老师看到的世界可能是真实世界的一部分，或者已经是过去的世界，但在自己的学生需要决策意见的时候却实实在在地影响着他们。

任何认知，都是对实现目标、达成某个结果的充分条件的寻找。如果以此为标准，则认知的重要性不言而喻。因认知不足导致出现目光监狱效应不仅是普遍的，而且还有可能是长期的。短时间的认知正确，不代表能持续地认知正确。在寻找具体的解决措施之前，不妨和大家一起用一章的篇幅来把这些年我们遇到的一些难以理解的商业现象梳理归类，让大家先对全局有个总体的认知。这就像在进行专科大夫的针对性治疗前，先由全科大夫给病人做个全面检查，之后根据检查结果交由专科大夫作进一步分析、诊断、治疗。最后才是全科大夫的"综合检查报告"。

02
更迭的财富榜和消失的工作机会 /

这些年有很多人在遇到问题后找我咨询，其中最主要的问题是因对前途的担心来请我帮忙寻找可能的解决方案：老板和管理者担心公司的发展前途；员工担心自己的职业前途；大学生担心自己的就业前途；父母担心孩子的学业前途。其实，前途即"钱途"，因为越来越多的商业现象不被我们理解和认知，造成自己的"钱途"很不明确，继而陷入严重焦虑。"钱途"变了是焦虑的最重要原因之一。

富豪榜更迭和明星的花边新闻一样，是这个时代极吸眼球的故事。不难发现，这个时代富豪榜的更迭趋势总共有两个：一个是富豪一直在频繁换人；另一个是越来越多的互联网、新经济大佬成为首富或荣登财富榜。

我粗略算了一下，截至目前仅仅互联网成就的中国首富已经有七位之多，包括丁磊、陈天桥、李彦宏、马化腾、马云、雷军、柳传志等。

在短短十多年甚至几年的时间里，这些人白手起家蜕变成为中国首富。就连首富身边为数不少的工作人员、合作伙伴、各类风险投资人也正在成为亿万富翁、千万富翁、百万富翁。正如著名的天使投资人蔡文胜所说："未来中国的富豪榜，前 20 名都会被互联网领域的人占据。"

虽然首富排行吸引眼球，但是毕竟离我们太远，不会对大家造成太多的影响。其实我们每个人心中都有一个身边人的财富排行榜，身边人的财富榜变化会让我们"难以平静"。

- 比自己年轻很多的几个"大孩子"从批发市场进货，在淘宝上开了店。每个月的销售额比自己的线下店还高很多，只是因为方法不同吗？

- 地铁站旁的"煎饼大妈"怒怼 985 的大学生："我月入三万，会少你一个鸡蛋吗？""煎饼大妈"的收入秒杀 80% 的应届大学生。难道这是新的创业方向？

- 原本一个朋友和自己的水平差不多，就是因为加入了 BAT 公司，从而高高兴兴地走在个人增值的路上，这是短期繁荣吗？

如果把以上现象仅进行简单的运气或出身归因，那么我们很容易活在自己目光的监狱里。比如，马化腾、马云、柳传志等人的家庭和出身都不一般；比尔·盖茨也有一个"不同凡响"的妈妈……于是大家开始心安理得。其实大量的成功者和我们普通人的条件类似、起点差不多，这就不得不引起我们的重视和思考。如果能够成功完成一定程度的商业认知升级，你就会知道以下的事实：

- 那几个开淘宝店的"大孩子"拥有淘宝上巨大的熟流量优势，这些流量比商场拥有的流量大得多。虽然淘宝客户的购买欲望更强，但是更挑剔。"大孩子"需要在选择产品、积累信用、管理熟客、营销推广方面做得足够深入才能拥有现在的成绩。
- 煎饼大妈月入 3 万可能是因为她找到了早餐这一刚需产品，选择了流量最好的地段。
- BAT 公司的员工每天披星戴月，一个人做几个人的工作。每天看着数据和数千万用户的反馈，从而有依据地进行快速迭代，帮助甚至是影响了上亿人。

所有这些都表明：挣钱的方法变了。若没有商业认知升级，则是看不懂的。商业认知的分析就是在做归因，即在解释现象背后的根本原因。而对这些原因的学习和分析，正是我们扩展目光和视野的手段。这些都在本书里有大量论述，希望大家能找到答案，以及掌握寻找答案的方法。

03
不知道会从哪里杀出颠覆者 /

如果将你所在行业的利润比喻为蛋糕，若身边的创业新秀都是分蛋糕的，那么还好，这只能给你形成向上的压力，未必会对行业赖以生存的条件形成颠覆，在发现自己落后后或许还可以奋起直追，把坏事变为好事。但是有的人不是分蛋糕的，而是将抢走整块蛋糕，且根本没有冲着你来，他甚至都没有意识到抢走了整块蛋糕，媒体把这个现象描述为灭了你但和你无关。

- 很多办公室白领都坐过"黑车"，大城市堵车、加班催生"黑车"，本来还得意满满的"黑车"司机"事业"处于上升期，可转眼就被专车司机抢了生意，甚至再也没有存在的可能。

- 好好的方便面生意，每年能卖到 440 亿包，曾经是大学生、白领、打游戏、出差人士甚至是出国旅游者的最爱，活生生地就被外卖抢了风头。现在连高铁上都能叫外卖了。

- 美图秀秀上市后化妆品的销售量居然下降了，据说是因为女孩子化妆照相的场景被美图秀秀的自动美颜功能替代了。

- 智能手机上市后更是哀鸿遍野，卡片相机、MP3、智能手环的生意一个接一个倒下。随着移动支付的发展，连早涝保收的武装押运生意都"躺枪"，造成生意下滑。因为现金量的减少，传统银行也会受到影响，揽储和贷款被抢了不少生意。小偷都没生意可做了，因为人们出门不再需要带现金，更是有人惊叹，这个数千年的行业将会随着移动支付的发展逐渐消失。

一位英语专业的大学生在听了我的讲座后忧心忡忡，特别是随着人工智能的兴起，有一种说法是同声传译工作将会被淘汰，于是十分恐慌："我现在除了会英语外什么技能都没有，将来到底能干点什么？"

一位焦虑的出租车司机和我说："我需要养活一个孩子、四位老人。以前开出租车很灵活，但是最近一直在纠结是不是在租赁到期后把出租车退了，再买个专车开。听说专车司机挣得多一些，并且压力也会小一些。但后来滴滴一家独大，又有很多人感觉专车司机没法干，滴滴仅是一个更大的出租车公司而已。最近又听说自动驾驶汽车要来了。未来到底做什么好呢？"

灭了你但和你无关，是挣钱趋势被别人改变了。现在的竞争有可能是在不同的维度下发生的：低维度的人将无法理解高维度的商业逻辑。这就像罗振宇老师常说的那个例子——聋子看别人放炮仗时发出惊叹："怎么好好的一个花纸卷说散就散了呢？"

认知的差异，可能是维度的差异，也可能是高度的差异。正如站在3层的人只能看到20米内的满地垃圾，但站在60层的人能看到数十公里外的壮丽风景。

认知差异和行动的差异正在迅速拉开你和竞争者的距离，就像一个人刚穿着新买的跑步鞋信心满满地准备超越身边正在跑步的小伙伴时，另一个人已经坐在高铁上喝着咖啡呼啸而过。我们能否乘上高铁享受高铁的速度，这都取决于自身的商业认知。

04
没有组织能给你绝对的安全感 /

如果你不去冒险创业，那么职业选择就是人生中的一个重要选择，甚至是影响一个人一生关键的选择。

- 30 年前，是去政府机关还是去银行工作呢？

- 20 年前，是加入 GE 中国还是在国有四大银行工作呢？

- 10 年前，是加入知名外企还是去一个互联网公司工作呢？

- 现在，是加入人工智能领域的一个不知名的创业公司，还是到知名的互联网企业里工作，又是一个决策难题。

以上的选择，站在当时的情境下的确有点两难，但是如果从现在往回看，两种选择的优劣、高低、是非却已十分清晰。选择决定差异、选择大于努力，这是不争的事实。

在我的抽屉里，还留着几台寻呼机，这是 20 年前我在摩托罗拉公司工作时的见证。现在的大多数年轻人都不知道这是什么"玩意儿"了。当年在中国风头无二的摩托罗拉，如今已经是几度易手，不禁让人唏嘘。那些年曾经在柯达、COMPAQ、北电、朗讯、诺基亚工作过的员工们，如今也不知身在何处。

很多人原本就不想参与创业公司的激烈竞争，不贪图创业成功后的喜悦，也不想让自己面对穷途末路的风险，只想选择一家大公司平平安安地过日子。但是很快我们就会发现，泰坦尼克号也会沉没，大公司走向没落，甚至是衰亡的例子不胜枚举。

不仅是外企，甚至是体制内的某些大公司，虽然看起来发展平稳，但其实危机已逐渐显现。

- 小时候我最羡慕的人就是邮递员，能骑着崭新的自行车挨家挨户送信，给人们带来惊喜，这真是一个美妙的工作！但是当人们都有微信、电子邮件的时候，送信的工作从理论上讲就消失了。

- 金融行业一向是被看好的职业选择，曾经是高校毕业生选择最多的工作。十年前马云曾在微博中说："如果银行不改变，我们就改变银行！"那么怎么改变呢？举一个例子，阿里小贷的单笔信贷操作成本为 2.3 元，而一般银行的成本在 2000 元左右。这样的不对称竞争，银行还能说是没有危机吗？

所有这些都说明，即使选择在企业里面稳定工作，挣钱的趋势也在改变。为什么有些企业会由小变大，而有一些会由强变弱？为什么有些公司正在让你成为温水里面的青蛙？所有这些现象的背后，都藏着商业认知的学问。

我曾经去过北京望京 SOHO 附近阜安西路的人行道，这是很有名的"扫码一条街"。特别是在 2015 年的夏天，那时是"扫码一条街"最繁荣的时期。路过那里的人只需要用一部手机从头扫到尾，一个大大的背包就可以装满毛绒玩具、数据线、自拍杆、饮料和水果等赠品。你一定会问，这些赠品都是谁在买单？

千团大战、打车补贴战、共享单车补贴战，动不动都是亿元级别的补贴战斗。消费者乐得实惠，商家乐得利润，那平台图些什么呢？为什么补贴的背后都是互联网公司呢？

虽然 O2O 大潮早已平息，但"免费风"依然盛行，百度搜索、微信、支付宝、地图、美团等家喻户晓的产品，雇用着成百上千的工程师，每天一点点打磨着产品，比着赛让自己的用户开心。这都是为什么呢？

我第一次体会到商业模式的力量，还是在二十多年前。摩托罗拉公司准备召开一次代理交流会。会议室的鲜花是由我临时购买的，从花店搬花时小心翼翼地挪动，生怕花被磕坏了。但是就在 2003 年前后，所有的公司都已接受绿植的租摆服务，且几乎成了公司的标配，绿植的供应商负责照顾好一切，用户只要按月付费就好。

鲜花销售和绿植租摆这两种方式看似后期效果相同，却是不同的商业模式：鲜花销售对公司的现金流、维护绿植成本、维护绿植风险等方面都是个麻烦事；绿植租摆的模式对公司的好处是不言而喻的，并且对于供应商而言也是有利的。过客变成常客，产品变成服务。不管库存是在苗圃还是在客户办公室，对供应商而言，成本没有任何区别，显然这种商业模式更具生命力。

在这个时代，商业模式随着技术的不断迭代也在逐步升级，如果用户的习惯在变，那么赚钱的方式也在变，最典型的就是"羊毛"出在"猪"身上。

就以 2017 年火爆的共享单车为例，该领域涌入了好几百亿的投资资金，几乎所有的颜色都被各公司的自行车占据，还有新的玩家不断入场；就连 Wi-Fi 万能钥匙这么一个小小的免费产品，都请来了行业里面顶级的技术人员负责开发。

有人解释说，这个时代赚钱的方式正在变化，于是 B2C、B2B、S2B、C2B、B2VC、B2G、B2VC 等模式的新名词层出不穷。不管是高级的还是低级的，也不管是合理的还是不合理的，只要你不理解，焦虑感就随之产生。

其实在这些模式的背后是商业模式的演变。看完这本书你就会知道，有人在为流量买单，有人在出售流量，只是计价方式不同而已。为什么会形成这样的局面，以及你的业务应该做哪些转变，这些都需要在商业认知升级后才能理解。

05

"钱途"变了是别人的认知先升级

前面林林总总罗列了那么多现象，其目的只有一个，那就是引起大家的共鸣和重视，从而有兴趣和我一起寻找这些案例背后的原因，或者掌握在寻找这些案例背后原因时所用的方法。

考证"抢钱的时代，没时间和你磨叽"这句话是不是马云说的已经没有意义，因为时间和机会当然不会停下来等人，且这个机会是给看到"钱途"的人准备的。对于没有看到"钱途"的人，钱在哪里、和谁抢、怎么抢全然不知。就在惊讶不知何时对面闯来一个分蛋糕的人时，没想到对方一出手就把蛋糕全部拿走，连包装都没放过。

其实，之所以出现"看不见、看不起、看不懂"的情形都是因为商业认知出了问题：拿着30年前的北京地图，我断定你找不到鸟巢和水立方，更找不到大兴新机场；拿着深圳的地图，无论如何也找不到东方明珠和新天地。按照一套过时或错误的商业认知，必定无法看到未来的商业规律和趋势，对正在出现的商业概念和规律认知不了解，才会视而不见，或者轻视小瞧。

对新事物和新概念的认知是这个时代最重要的能力。很多商业机会，不一定能给我们"创"的可能，但都给了我们"看和追"的可能，即我们可以通过理解、预测，以某种正确形式参与进来，从而共享这样的商业机会。但如果缺乏商业认知，我们很可能会看不见、看不懂，最后是追不上。无论是创业还是打工，也无论是投资还是学习，在每一个追不上的叹息背后，都有看不见、看不起和看不懂的过往：泰坦尼克号沉没，主要是因为对航线上冰山的无视；柯达抓住了数码影像的机会，却没意识到在这个技术背后商业模式的生命力和增长速度；摩托罗拉在数字蜂窝时代的短视，成就了诺基亚的辉煌；诺基亚在智能手机时代的无视，又给了苹果公司机会。

人和人之间的认知差异可以称为认知不对称，认知不对称造成了行为不对称，继而造成财富机会的不对称。这不仅是上一节所罗列现象背后的原因，也是这个时代及未来在投资、创业、就业、工作学习的方方面面产生差异的核心原因。

短时间内认知能力的领先，并不代表能持续地认知正确，很多已经因为过去的认知正确而成功的伟人，也有可能在遇到新的环境或问题时做出严重误判，错过重大机会。

● IBM 公司的主席托马斯·沃森曾经说过："全世界可能只会卖出

五台计算机。"

- 发明家爱迪生曾说："交流电是无用的，因为它太危险，可以像闪电一样劈死人，只有直流电才是安全的。"

- 福特汽车的创始人亨利·福特骄傲地认为："无论你需要什么颜色的汽车，我福特只有黑色的。"

- 戴尔的创始人迈克尔·戴尔坚持认为："在我们的字典里只有今天，顶多有今晚，绝对没有明天之类的鬼话。如果一个产品，你说它很好，但它不赚钱，那么我就认为你是一个撒谎的小学生，没有做作业却跟老师说在上学路上作业本丢了，我根本不会相信。"

在我看来，和学术认知、常识认知不同，财务结果的实现、商业目标的达成是检验商业认知正确与否的标准，所以商业认知不是酒桌上的谈资，不是票友的玩票，不是口头派的口号，而是对产生特定商业概念的充分必要条件的探寻。

过去，个人的认知对其财富、社会地位的影响是一个长期的、渐进的过程，但是互联网时代将成为一个分水岭，基于正确认知后所做出的选择正在决定你是体面还是困窘，是成功还是失败，是前进还是倒退。认知不对称会造成判断不对称，也将造成"钱途"不对称。这不仅在影响自己的命运，甚至会影响下一代人的命运，他们也会受到父辈认知不对称的影响。这种因认知不对称造成的巨大对比，是这个时代中的很多人如此焦虑的根源。

06
商业认知缺失的社会性因素

虽然关于犹太人和中国人谁更聪明、谁更勤奋的问题，仍有很多争议，但是在全世界范围内犹太人比中国人控制了更多的财富，已是不争的事实。

有数据显示，只占世界人口 0.3% 的犹太人控制了世界上 60% 的财富；全世界最有钱的企业家中犹太人占了一半，包括我们都知道的罗斯柴尔德家族，还有 Facebook 的 CEO、年轻的 80 后富豪扎克伯格；在美国的百万富翁中，犹太人三者有其一；在福布斯美国富豪榜的前 40 名中有 18 名是犹太人。财富带给犹太人的自由、富足、安全、尊严，肯定也是我们每个人内心所追求的。犹太人在商业上的成就是从哪里来的呢？这一点可从犹太人家庭财富教育时间表中获悉。

- 3 岁：父母开始教孩子辨认硬币和纸币。
- 4 岁：孩子要学会简单的计算。

- 5 岁：孩子学习用一定数量的钱币购买东西，以及钱是怎样来的。

- 7 岁：看懂价格的标签，培养"钱能换物"的观念。

- 8 岁：教他们去打工赚钱，把钱储存在银行里。

- 9 岁：孩子要能制订一周的支出计划，购物时知道比较价格。

- 10 岁：懂得每周省下一点钱，以备大笔开支之需。

- 12 岁：看穿广告包装的假象，设定并执行 2 周以上的开销计划，懂得正确使用银行业务的术语。

犹太人对孩子在金钱和商业方面的教育，让每个孩子从小成为一个商人。或许将来每个人都会有其他的社会、家庭角色，但这并不妨碍你首先是个商人。商人的视角和理念深深地嵌入在每个犹太人的基因里，从小按照商业的原则来经营自己和自己的事业。这也是为什么后来犹太人凭借出色的商业智慧对世界产生巨大影响的原因。

反观我们自己，忽视和缺失了大量的商业认知。我自己也有亲身经历：在我上小学之前，每年都能看到几个从灾区到老家附近表演杂技的孩子。在一阵敲锣打鼓后开始表演杂技，之后拿着锣来收钱。这时候善良的人们会给他们一些零钱或者粮食。这是我能理解的第一个商业模式。他们和我年纪相仿就能养活自己，这一点曾引起我的极大兴趣。但是很快这种兴趣就被家里人浇灭了：他们有什么可羡慕的呢？都是家里闹洪灾没办法才出来的。后来，老家镇上恢复了集市。集市上有很多人，卖东西的商家和买东西的人拥挤在一起，十分热闹。有的东西卖得快、卖得好。记得一个最会吆喝、张罗的商店老板赚了不少钱，居然盖了几套房子，骑着大摩托，富甲一方。于是，我认为那些最会吆喝的人就是最好的商人，是我学习的一个榜样。但是随着年龄的增长，不断被会吆喝的人骚扰或欺骗，对这一类也逐渐厌烦，便没有很多兴趣从商人的角度去理解商业了。

其实，每个人都是一个商人：在大学没有毕业之前，想着如何把自己"卖"出去，让单位接受，那么此时你是个准商人；创业后有了自己的产品或服务，准备卖给客户，此时你是个标准的商人；在公司打工时，把自己的时间和技能卖给雇主，希望在积累经验后未来能卖个更好的价格，这时候你还是个商人……既然是商人，就应该按照商人的思维来思考，就需要保持商业认知的不断升级。

我不是第一个强调"每个人都是一个商人"这一观点的人，"罗辑思维"的罗振宇老师早就强调过。更具权威地说出"每个人都是一个商人"这一观点的是马克思，他在《1844年经济学哲学手稿》中归纳亚当·斯密的论述："在文明状态中，每个人都是商人，而社会则是商业社会。"

正是因为有时我们没有把自己当成商人，对商业认知的轻视和无知，导致了我们在商业认知方面的目光监狱，至少在承受着各种后果和无尽的焦虑。

理解这一点并不难，但能否将其转换成一种主动、有意识的行为将是极有意义的事情。让大家深刻认知到这一点，并找到具体的解决方法，正是本书的目的。

07
商业认知缺失的个体原因 /

不准确的认知是如何形成的且为什么难以改变呢？除了文化价值观及教育等系统性原因外，还有一个重要因素，就是存在认知动力和能力被自己的存量绑架的情况。

一个朋友给我讲过这样一个有意思的事：其下属的一个大区经理，业绩不错，口才了得，工作卖力，并且非常善于销售自己，一直强调自己的大区相对于其他大区的特殊困难，以及对公司而言的重大意义，在任务和资源上要求获得更多的支持。虽然在大多数情况下朋友有所坚持，但有时难免会被说服，或多或少地在资源上给予一些倾斜。于是来自其他大区的压力就会增加、争议不断。有一次，朋友实在没有办法就出了一个新规，让有争议的地区互换大区，顺便观察互换大区后的销售业绩。刚宣布这个决定时，大家也都欣然接受了。但好景不长，原来的那位大区经理又来抱怨新区的客观问题如何复杂，需要额外资源等，言之凿凿，声情并茂。朋友再次陷入迷茫，最后得出一个结论：屁股决定脑袋，屁股变了，脑袋也就跟着变了。

在我看来，屁股代表的是现实的局部利益，脑袋应该思考整体和未来的利益。屁股决定了脑袋，就是人们因为分工只关注眼前和个人利益的主观情况。这时是现实的屁股限制了认知者主动认知行动的动力，即使有能力或已经发现了新的机会，也不会主动采取任何能够改变现状的行动。

还有一种屁股绑架脑袋的情况是一个人的商业认知能力受到所处位置和格局的影响，这种局限个人认知的位置包括所在岗位、部门、公司、团体、行业、国家等。正所谓"不识庐山真面目，只缘身在此山中"，在一个位置久了，便接受了这个位置所有存在的逻辑和假设，没有意识再观察周围的环境和逻辑，重新思考自己的职责和工作。如果不主动从自己所在的位置跳出来，几乎没有发现机会的可能。比如，诺基亚在享受功能手机 40% 以上的市场份额时，体系内的大多数人都是按照市场份额能够稳定扩展的逻辑思考的，根本看不起外界其他公司的小打小闹，更想不到会有智能手机来颠覆自己。

在这种情况下，屁股代表的是存量知识或经验，本来脑袋中的新商业认知应考虑的是增量，但在屁股绑架了脑袋后，就是存量绑架了增量，以至于脑袋无法发现机会。

很多大公司甚至行业被颠覆，或者一个如鱼得水的职场高手没有意识到身边正在发生的变化，最终屁股坐在了存量之上，造成脑袋没有能力发现机会和威胁，在学习、择业、投资、职业发展等各个方面做出错误的判断和选择，从而失去了机会。

不难看出，提升格局、放下存量、空杯精神是这个时代防止脑袋被屁股绑架，积极开始进行商业认知升级的必要条件。

第二章

从探寻商业和商业认知的特征开始

01
商业认知就像整容，要以终为始 /

正所谓："工欲善其事，必先利其器"，在做任何事儿之前都需要掌握正确的方法，商业认知也不例外。如果我们想做一个合格的商人，就必须掌握商业概念和规律，把商业认知的规律和方法论厘清，再按照这个方法论扩展、加深、利用，从而加大成功的可能性，这就是认知认知再认知。

"认知认知再认知"不是为强调而重复。在这句话中，第二个"认知"是名词，是现象、概念、规律的意思；第一个和第三个"认知"是动词。整句话的意思是指在进行商业认知时，必须找到认知概念、规律的方法后，再开始进行有效的认知和探索。

本书始终强调的策略是以终为始。如果以终为始地研究商业认知，那么应该先给商业和商业认知分别下一个准确的定义。比如，商业就是一种有组织地为顾客提供所需商品与服务的行为；商业认知就是对商业现象、概念、规律的理解和认识。这样的定义有助于大家理解，但还无法直接指导大家采取正确的行动，不断完成商业认知的升级。

更清楚、完整、严谨的定义和解释是必要的，因为只有这样的认知才可以真正地指导实践。但是自古以来下一个严谨的定义是很不容易的，也极具风险。就像大哲学家柏拉图所说："人是两腿无毛且会直立行走的动物。"他的调皮学生听后立刻去鸡棚逮只鸡，拔光毛扔给柏拉图："看！两腿，无毛，可直立行走，动物，这是人吗？"

有时候，我们可以用"偷懒"的办法进行判断，正如西方有句谚语所说："如果一只鸟长得像鸭子，叫声也像鸭子，走路还像鸭子，那么它就是鸭子。"鸭子是怎样定义的先不用完整给出来，我们可先依据几个重要的特征和条件进行判断。

在这一章中，我们也可以借用这个实用的做法，先找到商业认知类似鸭子的"外形、叫声、走路"等关键特征，之后再由浅入深，进一步找到准确定义的方式。顺着这个思路，就得出了商业的无中生有特征和商业认知的四个特征：目的性、创造性、有效性、可知性。

02
以达成交易为目的的无中生有

为了尽可能多地找到商业认知升级的关键因素，并能深入浅出、通俗易懂地解读，我把商业认知升级的具体内容比喻为洋葱，咱们可以一层层地剥开分析，以此激发共同思考并帮助理解，如果有错误或瑕疵也可以一起修正。

咱们先对最外面的两层洋葱，即商业和商业认知两个概念进行剖析。

- 第一个问题：什么是商业？
- 第二个问题：什么是商业认知？

关于商业的定义，百度百科有如下解释："商业是一种有组织地为顾客提供所需商品与服务的行为"。

这里需要在百度百科的基础上做一点说明，即本书提及的商业概念主要针对的是营利性组织，即通过在成本之上的价格卖出商品或服务来盈利。比如，微软、索尼、IBM、联想、通用都是营利性商业组织的典型代表，也特别包括一些以个人为主体向客户或雇主提供的产品或服务，以及后向付费的新的营利性组织，如谷歌、百度等公司。因此，商业的概念也包括个人在就业、职业发展等方方面面的问题。

相信大家对商业的基本概念都有一些认知，甚至不乏更为具体和生动的认知。比如，一般认为商业源于原始社会以物易物的交换行为，商业的本质和目标是交换，并且是基于人们对价值认识的等价交换。只有完成了交换，才能完成价值的实现和转移。因此，以达成交易为目的是商业的第一个重要特征。不难看出，新的商业机会都是以达成增量交易为目的的：若有增量交易，则市场按劳（功劳）分配，这就是创业公司的机会；若没有增量交易，或者增量交易不能归功给创业公司，那么创业的机会难以存在。

因为读者的视角是卖方，即供给方，经济学的原理告诉我们，商业上的交换是在供需之间发生的，所以有必要从供给方的角度观察商业。在我看来，从卖方角度看，商业其实是一个"无中生有"的创造过程。这个无中生有不是口头上的无中生有，而是包括实现结果上的无中生有。换句话说，无中生有是商业的第二个重要特征。

需求方的需求不明确，供给方需要猜出来，并根据判断把产品或服务提前生产出来，再吸引需求方使用，以便达成交易，这个过程就是在无中生有。供给方把产品和服务提供出来后，很可能会面临激烈的直接竞争或间接竞争，只能通过差异化的方式赢得客户的认可，寻找并制造差异化的过程也是在无中生有。

在市场经济下，很多公司和个人奉行的竞争策略是"人无我有、人有我优，人优我特"，这里的"有、优、特"都是在竞争压力下的主动或被动的无中生有。

这种具有"无中生有"特点的商业，实际上也是人类特有的虚构能力的其中一个产物。尤瓦尔·赫拉利在《人类简史》一书中提到："智人之所以战胜尼安德特人并成为世界的主宰，源于智人特有的虚构能力。正是凭借这种无中生有的虚构能力才有机会得到其他智人的信任，并让其参与、协同进来，最后一起让虚构的内容变为现实"。法律、社会、国家、公司都是人类虚构能力的产物，商业也不例外。

水虽然是每个人都需要的，且大自然中的水取之不尽、用之不竭，看似没有太多无中生有的文章可做，但聪明的创业者却一次又一次地化平凡为神奇，创造出饮料行业，成就了类似可口可乐、百事可乐，以及娃哈哈、农夫山泉等饮料品牌。很多饮料行业都是商业无中生有这一特性的例证。

- 世界上本无碳酸饮料，阿萨·坎德勒因偶然的原因摸索到了合适配方，之后批量生产出品质相同的产品，并成功实施了市场营销，造就了一个可口可乐这样的"饮料巨人"。

- 世界上本无百事可乐，且在百事可乐出现前可口可乐就已存在，凯勒·布莱德汉姆发明了百事可乐的配方，并通过差异化竞争开辟了一片新的天地，成就了碳酸饮料的第二个世界巨头。

- 世界上本无功能性饮料，红牛饮料创始人许书标的工厂研制出一款内含水、糖、咖啡因、muco-纤维醇和维生素B等成分的"滋补性饮料"，取名为"红牛"。推出市场后大受欢迎。许书标也不负众望成为"饮料大王"。

- 世界上本无罐装的凉茶饮料，王老吉发现了怕上火这个潜在需求后，定义了这个产品品类并研制出来。通过有效的市场营销，成长为中国的饮料巨头。

类似的例子还有很多，不再一一列举。在大众需要的衣、食、住、行等领域，从无到有的产品和品牌比比皆是。

不光这些大的公司是在实践无中生有，广大的自我雇用者和个体户，更是正在从事无中生有的工作。比如，早上的煎饼果子、中午的肉夹馍、晚上吃的红焖鸡米饭都是针对可能的消费需求进行无中生有的产物。

相信很多人都听说过或者看过《从0到1》这本书，书中提到："要想将企业从每日的生存竞赛中解脱出来，唯一的方法就是做到独一无二，从而获取垄断利润"。哪怕这种独一无二仅是特定的时间、特定的地点，这种垄断都会因为提供了特殊的价值而拥有了竞争优势。

之所以出现"看不见、看不起、看不懂"的现象，是因为我们将面对一个"魔术师"式的创造者。他有独特的认知，并基于此创造了一些新的产品或服务。在谜底揭晓前我们都不知道他宽大的袖子里藏着什么东西，也没有历史经验能够帮助我们进行判断和理解。"灭了你但和你无关"是别人无中生有的"新物种"，相对于你提供的产品和服务有着天然的成本优势或质量优势。"羊毛出在猪身上"这一以转移支付方式为特征的商业已经被人无中生有地创造出来。

在理解了商业概念，以及从供给方的角度了解商业以交易为目的和无中生有的两个特性后，将会帮助大家一起进入洋葱的下一层。

03
商业认知只为更好地无中生有　/

商业不是公益，而是以达成交易为目的，第一章中强调"每个人都是一个商人"，即每个人都是出来"卖"的。商业认知是为了卖得更好而进行的认知，也就是说，商业认知有鲜明的目的性。

大家可能会注意到一个现象：有些人小时候的学习成绩很好，甚至拿到各种国内或国际比赛的奖项，但是后来在商业上取得的成绩十分普通、乏善可陈；反倒是一些在学校调皮捣蛋、成绩很差的同学，在商业上风生水起、成绩斐然，这是为什么呢？

关于这个问题有很多种解释，我比较认可下面这种解释：这种现象是由学习目的和学习习惯的差异造成的。解决商业问题和解答学术问题需要两种不同的目标和习惯。用大家都能理解的方式来说，就是相对于学术活动，商业上人们解决最多的问题是"应用题"，而且是多变量的复杂"应用题"，即在特定的场景下，利用已有的知识、经验和资源给出一个前所未有的解决方案，只有这样才具竞争力。以学术认知为目标的高分同学追求的是及格和分数，擅长的是选择题和填空题，这种优势在商业创新领域中未必有用。

商业认知是要解决应用题的，特别是商业场景中客户提出的问题。商业认知的对立面是非商业认知（如学术认知和常识认知等），两者最大的区别在于商业认知以能达成商业交换、实现利润为目的。

比如，谷歌创始人发明的搜索算法 PageRank 原本只是一个学术成果。如果谷歌的创始人一直没有离开高校，那么这个学术成果会帮他得到一个教授职位。但是他还是决定放弃学业，将想法商业化，创立了一家为大众服务的公司。谷歌在发展早期，用户和流量增长就十分迅猛，但仍是遇到商业收入的问题，即流量如何变现。为此，谷歌聘请了 CEO 埃里克·施密特进入公司，注入商业认知的基因，并基于流量变现的可能性主动提出商业问题，鼓励员工创造。后来随着关键字广告系统的问世，谷歌的收入和市值一飞冲天。商业认知让谷歌的关键字广告无中生有，并帮助谷歌成长为一家伟大的公司。

有时候，商业认知不仅显示了鲜明的目的性，而且还显示出了巨大的紧迫性，就像是在企业和个人的自我救赎中与时间赛跑。正如海尔集团 CEO 张瑞敏所说："创业就是从悬崖跳下，在落地前装好一架飞机。"在大多数情况下，企业或个人是在业务中遇到了一个非常具体的问题后才开始学习并寻求答案的，但是这种学习和寻求答案是有时效的。在这种重压下，学习和认知不仅时间紧迫，而且是高标准的，即必须能够学以致用、无中生有。这种特殊的紧迫性，让商业认知的目的性更加明确。

孔子曰："或生而知之；或学而知之；或困而知之。"在创业过程中能经常看到困而知之的例子：一个人四处寻找案例或请教老师如何撰写商业计划书是为了下个月的融资提前进行准备；学习如何进行股权激励是为了在月底发布股权激励计划，搭建好公司的治理结构，降低员工的离职率；三天内学会 PPT 是为了跟一位重要客户高效沟通；突击学习商业英语是为了与国外客户更好地交流，从而获取更多的订单；学习 SEM 技巧是为了不让竞争对手把互联网的销售线索全部抢走；学习财务知识是为了应对公司出现的现金流问题而寻找对策……

商业的特征是无中生有，商业认知是为了客户满意、交易达成而进行的，所以商业认知更具鲜明的实用主义特点。

04
三次重要创造才能促成无中生有 /

我坚信以终为始是一种非常重要的商业习惯。在本书中我会多次强调以终为始和无中生有这两个概念，不是啰唆，而是为了让大家都能记住。

以终为始的概念源自风靡全球的畅销书《高效能人士的七个习惯》。在这本书中有一句话对我启发很大："任何事物都会被创造两次。"无论是爱迪生做的巨丑无比的小凳子、鲁班修的桥，还是长城、特洛伊木马、金字塔，所有这些都是两次创造的结果，即第一次是在自己脑海中的创造，成果是想法、图纸、方案、计划等；第二次是用自己的双手亲自创造，成果是客户接受的产品或服务。

以建造一栋房子为例，如果房子能被最终卖出去，一定是满足了客户的需求，所以必须先有客户需求，之后依据需求设计方案和图纸。在和客户确认设计图并绘出设计图之前，必须在脑海中构想每一个施工的细节。其产出是科学合理的设计蓝图和计划，这是第一次创造。

第一次创造完成后就开始启动第二次创造：虽然有详尽的图纸、方案、计划，也有相关的预算，但因为环境、材料、施工工艺等限制，在工程现场还是会遇到各种问题和挑战，所以需要因地制宜地解决各种问题。

在我看来，商业认知还需要第三次创造。比如，在大多数情况下建造的房子是准备卖出去的，因此让潜在客户和相关方充分了解、认知房子，即正确地向别人介绍，让别人能理解、接受、信任，并愿意支持、参与贡献或买单，这一点是非常重要的。在本书中我们将其称之为"第三次创造"。

其实第三次创造是否能做好将产生巨大的差异。比如，在一家创业公司的早期产品还没有生产出来前，投资人仅能依靠一纸商业计划书来了解该产品。商业计划书是"说"的艺术，内容写得好、创始团队介绍得好，就可能会让投资人、客户、员工、公众等利益相关方有个完整、清晰、准确的了解。对团队有了信任后，随着投资的进入、合适团队成员的加入、客户的蜂拥而至，企业的成功才能成为大概率事件。

有了商业上的第三次创造，才造就了可口可乐、百事可乐、柯达、摩托罗拉、联想、华为等深深烙印到一代又一代消费者脑海里的品牌。第三次创造是促进商业成功的巨大动力。

不仅组织需要第三次创造，个人也需要，甚至组织中的关键角色必须具有第三次创造的能力才行。这个能力经常表现为杰出的演讲能力，马云就是一个极其成功的第三次创造者。他对"怎么说"有着深刻的造诣：他的每次讲话都能激发听众的兴趣和响应，并进一步演变成对阿里巴巴的信任。

几乎所有成功的政治家，都是伟大的第三次创造者，马丁·路德·金、奥巴马、曼德拉、丘吉尔……他们的很多演讲都是那么鼓舞人心，并被奉为历史经典。他们在对外沟通中进行的第三次创造传递了理念、促进了信心、增进了信任、收获了资源和支持，是一个伟大组织走向成功的基础。

由此可知，若想达成目标、实现期望的结果必须有三次创造的过程。三次创造就是三次的"无中生有"，而在这个过程中表现出的创造能力是三次"无中生有"的来源。

05
优秀的认知者在收获惊人的复利回报 /

　　这个时代的新富豪之所以能获得财富和荣誉，是因为市场正在奖励这些天才的创造者，奖励他们在改变世界的过程中创造那些伟大的"无中生有"产品或服务。

- 天下本无苹果手机，乔布斯将它定义出来，这是第一次创造。这次创造让乔布斯成为世界上极有影响力的人。

- 天下本无苹果手机，乔布斯把他定义出来，而鸿海的郭台铭把它制作出来，这是第二次创造。于是郭台铭也成为影响世界的商人。

- 天下本无苹果手机，在郭台铭将其制作出来后，苹果公司又进行了第三次创造，即与客户这样沟通："我们做的每一件事都是为了突破和创新，我们坚信应该以不同的方式思考。我们挑战现状的方式是通过把产品设计得十分精美、使用简单和界面友好"。

成功的第三次创造让苹果公司的内部员工及销售苹果手机的人获得了财富，包括日本软银集团和各国的移动运营商。

在这个创新的时代，越来越多的乔布斯、马化腾、马云、张小龙正在涌现出来，更多人们从来没有见过的产品和服务被创造出来、制造出来、宣传出来。对于雷军、马云、马化腾、李彦宏、王健林而言，创造才是其财富背后的原因。第一次创造也好，第二次、第三次创造也罢，三次创造的结果是产品和服务更满足客户需求，能被市场更大限度地接受。

相信在不久的未来，颠覆微信的不会是另一个微信，颠覆抖音的也不会是另一个抖音，颠覆百度的更不会是另一个百度。不过可以肯定的是，最终颠覆这些产品的新产品会被创造出来，更好的用户体验将会吸引更多的用户使用。更多用户意味着更多的财富，而这些产品或模式的无中生有者会是下一波财富的幸运儿。

"重新定义""颠覆"等词汇是未来的常见词，会越来越多地被提及。未来商业还有一个新特征，即快速迭代。所谓快速迭代不仅包括不断修正第一次或第二次创造，还包括对第三次创造的升级。所以，特别有必要对三次创新进行一些思考，这一点将在下一章中提及。

商业的创新特性来自于正确、领先的商业认知。领先的商业认知来自于商业认知的升级。而优秀的创新者在认知上的领先最终转化为财富上的领先，财富上的领先又提升了眼界和学习能力，继续导致认知的再次提升。于是商业认知在某种程度上就像金融一样具有复利的特性。

我曾经思考过一个问题：为什么不仅马云、马化腾、李彦宏、程维、张一鸣等一大批成功创业者成为富豪和受人尊重的商业明星，而且他们背后的风险投资者也成为财富神话的主角及人们关注的焦点呢？

为什么风险投资能参与这次财富的盛宴？他们看似并没有承担公司运营的责任和风险，也没有付出创业者那么多的努力。其实风险投资的成功原因是对机会的准确判断及主动选择，在对的事、对的人的关键阶段贡献了价值，所以参与财富的回报、分配也是十分合理和正常的。

- 朱啸虎在投资滴滴之前，几乎考察了出行领域的所有企业。根据他的商业经验，他知道出行领域会有一个非常大的机会。速度是最关键的，因为速度是规模的动力，所有运营的方向都应该是冲着速度去的。但是在这种情况下，只有滴滴这个团队坚持"四不"，即不做黑车、不做加价、不做账户、不做硬件。于是成功躲过了速度的陷阱，因此投资滴滴是朱啸虎唯一的选择。

- 投资女王徐新的每次演讲都很吸引眼球。虽然她不是亲自操盘所投资的企业，但是对消费者的洞察、商业机会的把握、商业模式的敏锐感知，一点都不逊于创业者。正如她所说："在投资三只松鼠时，我们去做消费者调查，打了300个电话，我自己就听了70个，每个电话大概需要半小时。"正是因为徐新这样扎实、认真的态度，才让她在商业认知上拥有较大的优势，继而在几次重要的选择上获得成功。

按照风险投资的说法，投资是把钱投给最正确的"赛手"，前提是风险投资已经完成了是否为同一个"赛道"的判断。有时候，风险投资甚至在一定程度上主导了第一次创造，即一个新的机会"是什么""为什么"，这是风险投资贡献价值的主要方式，并以资金支持了创业者的第二次创造过程，因此风险投资获得高收益就不是难以理解的事情了。成功的风险投资者再次获得好的投资机会的可能性大大增加，而被投资企业的成功性也会增长，于是这种复利效应让资本和机会都向最优秀的风险投资集中。

风险投资获利的案例告诉我们：社会分工在改变分配方式，资源正在按照自己的角色和价值得到合理的回报。以前是从按劳分配到按资分配，在未来的知识经济时代，一定会升级为按"智"分配。这里的"智"就是商业认知。认知不对称会越来越多地成为机会和财富的来源，因为领先的商业认知是创造的源泉，而财富是创造的结果。有了认知能力的资本就可以得到回报。

06

市场在惩罚认知落伍者 /

"我们没有做错什么，结果却输了。"据说这是诺基亚公司的 CEO 在公司被收购后跟员工说的一句话，相信大家一定能从这句话中读出深深的无奈和伤感。

当苹果、小米以全新的模式完成了智能手机的定义，并在富士康等公司完成了批量的制造时，曾经是手机行业的最大赢家诺基亚的浪潮就已经过去了。新的智能手机市场不再和它们有任何关系，无论以前有多么强大。

移动通信领域的颠覆一直没有停止过。在诺基亚被颠覆之前，前一个被诺基亚颠覆的伟大公司是摩托罗拉，它是模拟蜂窝时代的王者，曾经把大砖头手机卖遍大江南北，也是享受 80% 以上市场份额的手机制造商。在数字蜂窝时代，遭受了类似诺基亚后来遭遇的滑铁卢，而这些事情都是发生在短短的二十年内。正所谓巨人倒下的时候，身上还有余温。

短短二十年，眼看着起高楼、眼看着宴宾客、眼看楼塌了的情形在移动通信行业比比皆是。

商业认知需要三次创造，这个创造的过程是持续的。每次创造的赢家都拥有了定义规则的权利，继而赢得市场。商业认知的价值就是不断地创造。随着商业认知的停止，创造也就停止了，被超越、被取代就是不可避免的了：当超级火车方案出现时，空中客车公司和波音公司一定是焦虑的；当自动驾驶汽车正在被互联网公司创造出来时，福特、宝马、奔驰公司一定也是焦虑的。

这个发现很重要，因为如果飞机和汽车的逻辑没有变化，飞机制造公司或者汽车厂商可以沿着改进的方向一直走下去，他们第二次创造的产品仍有市场需求，并且有可能会继续增长。但是如果一个新的创造者的第一次创造就在沿着不同的方向制造相同功能或效用的产品时，所有的游戏规则都将被改变。

这就是说，虽然传统的企业没有停止创新，例如，在"怎么做""怎么说"（即第二次、第三次的创造，表现形式可能是广告或宣传等）方面仍不断创新，但是其危机更多来自于竞争对手的第一次创造，这是对一个行业"是什么""为什么"的重新回答。如果有了新的答案，再结合合适的第二次和第三次创造，就有机会重新定义一个行业。这个时候的创新者不是来分蛋糕的，而是会把整块蛋糕抢走。

相信很多人有类似诺基亚高管的"不甘"，或者是即便意识到自己并没做错什么，但就隐约感觉自己没有走在通往成功的路上，这可能就是大家焦虑的原因。人们不管是不是已经拥有一定的工作技能，但那都是属于过去的技能。无论是个人还是公司，大家都担心看不见、看不起、看不懂、跟不上的事情发生在自己身上。灭了你但和你无关，是这些年一直在发生的事儿。

07

存在的都是"合利"的

19 世纪中期，法国出现了印象派绘画。这些印象派和以往的绘画都不一样，不仅画面乱七八糟，而且有些画根本就没画完。为什么会突然出现这样的流派呢？过去人们认为这是艺术发展的结果。但我国一位著名画家解释了出现这个现象的原因：艺术家的供养方式发生了变化。在 19 世纪中期之前，艺术家都是宫廷画家，由宫廷或教会供养。其实那个时候画家画画就像在完成任务，因为画什么、怎么画都由买家说了算，画家没办法自由发挥。按照现在流行的说法，这是一个 To B 的生意。但是当工业革命完成后，新兴的资产阶级抬头，有钱人变得多了起来。越来越多的人需要在家里挂个画。这时绘画市场改变了，很多画家都成了自由艺术家。他们绘制完作品便放在画廊里，喜欢该作品的人可以购买，这就变成了一个 To C 的生意。当画画不再是任务之后，艺术家就可以自由发挥了，所以才会诞生极其个人主义的印象派。现代意义上的画廊也是在那时出现的。你看，没出现有没出现的道理，出现了也有出现的道理。

这样的案例不胜枚举，包括人神共愤的互联网虚假广告、电信诈骗、非法传销等丑恶现象。"合利"是其背后的根本原因，往往是一种商业利益甚至商业模式在作祟。未来或许可以通过商业模式升级的方式寻找类似毒瘤的根本解决办法。我将极具生命力的商业模式概括为"三合模型"，即合法、合利、合德。

倒推五年，全国各地黑车载人是很常见的现象。虽然普遍，但这些都不合理、不合德甚至不合法。黑车载人现象一直存在的根本原因是乘客有需求、司机有利益。与此同时，乘客和司机并没有信任的基础，正如德国社会学家鲁曼所说："一切的信任起源于重逢，在没有重逢的地方是没有信任的。"在有了滴滴这样的平台后，司机大多抢着把车擦干净并为乘客提供周到的服务，还在乘客下车时叮嘱给个五星好评。这是因为司机可以从平台得到收入，而司机和乘客双方都与平台多次重逢，信任的机制就能建立起来。所以在一个更高级的商业模式颠覆低级商业模式的同时，社会问题也得到了很好的解决，这就是商业模式的力量。你看，找到了新的道理，就可以让一个依靠旧道理存在的现象得以改变。

曾几何时，很多地方政府都热衷于搞物流平台，提供供求信息以便解决因货车返程或去程空载造成物流成本过高的问题，但是没有多少成功的案例。反观最近的互联网创业公司，在风险投资的支持下，借助其流量和信息优势就能解决这个问题。历史上很多由政府主导的类似工程、平台、项目，都很合情合理、合德合法，最终却不了了之，造成这一问题的原因在于没有"合利"的机制，或者说没有长期"合利"的机制，即商业模式的支持，所以不了了之也是必然的。

总结以上分析，存在的就是"合利"的，即使有时候不合理、不合情，甚至不合德。俗话说："杀头的生意有人做，赔本的买卖没人干。"这是我们作为理性经济动物算账的硬道理。人们对不喜欢的现象会从合德、合法、合情、合理的角度进行评估，甚至给出解决的建议，但是最后能稳定执行的、有生命力的解决方案，通常都来自于"合利"。

所以，从是否"合利"这个角度出发，不仅能找到一些现象出现的原因，也可能有机会找到解决问题的正确方式。"合利"的问题解决了，再辅以道德、法律、情理考量，问题就可能会以较高效率解决掉，并能因为解决了问题实现更积极的意义和价值。过去存在的现象一定存在当时的"合利"性；未来存在的现象也将存在未来的"合利"

性。从未来"合利"性的角度思考，就能无中生有地创造出新的商业机会。

理解这一点是十分重要的，商业认知就是要理解过去商业现象的"合利"性，这可提升自己的判断能力。而商业认知升级就是要深刻认知变化并基于变化判断未来某些现象的"合利"性。这是为了正确预测未来并赢在未来，也是商业认知的关键。

马云和王健林的亿元级别打赌引起很多人关注。玩笑也好，赌气也罢，吃瓜群众仅是负责看热闹。大家是否想过，为什么两位大佬掐得这么厉害？并且貌似一直在掐，不论是在媒体前面的针锋相对，还是在媒体背后的明争暗斗都很多。明明在做不同的生意，为什么他们在争吵？

实际上，如果大家对商业地产和流量互联网有一些了解的话，就会理解电子商务和商业地产之间没有本质的区别，都是在做流量的生意，区别是一个在线下、一个在线上，仅是老瓶装新酒而已。这两位大佬对于流量机会是在线上还是在线下、哪部分有机会向对方渗透并产生更大的商业利益存在不同的判断，这也代表着未来市场两种不同的走向和结果。

如果存在的就是"合利"的，那么现在存在的就有可能利用以前存在的事物或道理去解释。引用到商业上就是太阳底下没有新鲜事。

虽然一个商业客体的"是什么"和"怎么做"出现新的变化，但是"为什么"和"怎么说"仍然可以借鉴以往存在的模式。理解这一点有以下两方面的作用。

- 缓解焦虑情绪：无论概念多么先进、原理多么复杂，只要回到应用场景、回到商业模式的本质，我们都有机会利用已学知识或概念进行理解或解释，不必被一些新概念吓住。
- 从自身找原因：如果我们已经处于商业活动中，不管正在做的事多么独特、先进，都应该可以给每个人讲清楚。若别人听不明白，那应是我们自己的问题：要么做错了，要么根本没讲对。这是身处这个时代的职业人必须满足的要求。

一个现象或新事物能被人们认知，其原因是大多数人仅知道"是什么"和"为什么"就足够了，不用对"怎么做"有深刻的认知。因为在商业上，"怎么做"层面极具专业性，成本高、难度大。作为商人和创新者，即使这方面的知识缺失，也有方法解决，不影响达成目标。

有了上述心理准备后，我们就可以信心满满地进入下一个环节，因为无论是看起来多么炫酷、神秘的商业名词，比如，云计算、大数据、区块链，从供需的角度看其背后的商业逻辑可能跟以前见过的商业现象并无不同。

若大家能从"合利"的角度思考原因，从古老的历史案例中寻找先例，再结合一些专业的方法，商业认知能力就会有一个很大提升，希望最终每个人都能蜕变为商业认知方面的高手。

认

商业认知的本质

01
商业认知是还原"三条腿凳子"

上一章提到，如果一只鸟长得像鸭子、叫声像鸭子、走路也像鸭子，那么它就是鸭子。我们说过这个方法的好处是可以根据特征排除不是鸭子的动物，且在大多数情况下能准确识别出鸭子。

但是在使用这个方法时有个前提，即沟通双方都对鸟和鸭子的概念有一个基本认知，才能存在关于鸟像不像鸭子的判断。如果沟通的一方根本没有鸭子的基本概念，又试图利用这种方法帮助对方识别出鸭子，那么这个方法将难以奏效。

这时还是要回到正确定义的轨道上来。对一个概念的充分阐述可以帮助人们更好地做出判断。比如，在没有任何基础概念的情况下，通过定义从所有动物中没有歧义、正确地识别出鸭子。

相似地，我们需要给商业认知下一个准确的定义，以便帮助别人能够更准确地认知和辨识一个认知是否为商业认知，并根据这个认知准确地展开后续的行动，继而在这个基础上获得更多的商业认知。

在这里，我们给商业认知做进一步的定义，即商业认知是对一个商业现象、概念或规律的"是什么、为什么、怎么说、怎么做"（2W2H）的回答，这里我们也把这四个问题称为"关键四问"。

为了易于大家理解和接受，下面将利用一个模型来类比，即商业认知的"三条腿凳子"，之后的其他概念和交流也在这个模型的基础上进行。

换句话说，商业认知就是一个小凳子，商业现象、概念、规律（是什么）类比为凳子面，"为什么""怎么做""怎么说"分别类比为凳子的三条腿。好的商业认知就是一个完整、结实的小凳子。

凳子是一个很重要的概念，也是一个基础概念。借助这个概念，我们可以很容易地阐述其他延伸的概念和意义，所以凳子的概念本身就是一个凳子，我们可以借助这个凳子上到其他的凳子上。

为了便于大家理解后面的内容，特别在这里把凳子的基础类比罗列如下。这些内容对大家认知凳子、使用凳子有很大帮助，建议重点阅读。

凳子的结构

- 凳子面的正面：是什么。

- 凳子面的反面：不是什么。

- 凳子第一条腿：为什么。

- 凳子第二条腿：怎么做。

- 凳子第三条腿：怎么说。

凳子的特性

- 凳子的效用：支撑意义和价值。比如，支撑组织的使命、愿景等。

- 凳子的能力：支撑能力取决于凳子面大小、凳子腿是否齐全和结实。

- 凳子的高度：竞争差异体现在对特定概念的理解深度和准确程度上。

凳子的种类

- 业务认知凳子：对一个商业概念"是什么""为什么""怎么做""怎么说"的认知。

- 角色认知凳子：对扮演角色"是什么""为什么""怎么做""怎么说"的认知。

- 方法论认知凳子：可以给一个大凳子当腿的凳子，对完成大凳子或某个目标在方法上的"是什么""为什么""怎么做""怎么说"的认知。

凳子状态

- 结实凳子：面和腿都完整且结实的凳子，可以支撑重物的凳子。

- 残缺凳子：不够完整、结实的凳子。常见的残缺凳子形态有铁饼、飞盘、蒲公英等。

凳子和人的关系

- 凳子下：对特定商业概念"是什么""为什么"等没有完整的理解或认知。

- 凳子上：对特定商业概念"是什么""为什么"有正确、深刻的理解，对"怎么说""怎么做"要求不高。

- 有凳子：对特定商业概念"是什么""为什么""怎么做""怎么说"拥有完整、深刻的理解。

人作用于人

- 带人上凳子：帮助对方完成认知，即对"是什么""为什么""怎么说"的认知。其结果是对方理解、认可、接受、购买。

- 带人造凳子：带领对方在认知自己已有凳子的基础上一起造凳子，特别是在"怎么做"方面进行贡献，甚至愿意承担一定的风险。

- 把人当凳子：更高职位的人借用其他人的能力，如"做"和"说"的能力，一起搭建一个结实的大凳子。

人作用于凳子

- 修凳子：完善凳子的过程，即修改、补充一个或多个部分认知的过程。这是职场新人和管理者都需要的技能。

- 造凳子：打造一个新凳子的过程，即对一个主体在"是什么""为什么""怎么做""怎么说"方面的全方位创造，这也是职场新人和管理者都需要的技能。

- 谋凳子：规划一个事业或组织中需要的各种凳子，以便为后期的获取、打造、修补提供依据，是管理者需要拥有的技能。

- 组凳子：在实际操作中一个凳子可能是由多个凳子摞起来的，从而实现一个凳子承载重物到一定高度的目的，是管理者需要拥有的技能。

商业认知是对特定商业概念"关键四问"的回答

到底什么是商业认知呢？学术一点的说法是商业认知一定包括主体和客体：主体是认知者，客体是被认知的对象。商业认知的认知对象是指某个商业现象、概念、规律等。在我看来，所谓的商业认知就是主体对客体的"是什么""为什么""怎么做""怎么说"四个问题的回答。而好的商业认知就是对这四个问题准确、深刻、一致、系统地回答。

比如，客服人员对自己的工作角色进行认知时，主体是指客服人员自己，客体是指客服的角色（客服是其商业角色）。在这个认知中包括客服"是什么""为什么""怎么说""怎么做"这四个问题的答案。

相信大家都理解，认知的质量会影响行为质量和结果质量。对一个商业概念认知得越准确、深刻、全面，那么其工作的质量标准就会越合理、充分和严格，工作的结果达到期望的可能性就越大。反之，则工作标准会片面、狭窄和宽松，工作结果也会不尽如人意。

有的客服人员认为客服是公司对外交流的窗口和枢纽，其代表着公司，因此在任何情况下都要尽全力让客户满意；而有的客服人员认为客服就是接电话、做记录而已。显然，基于前一种理解，自然会对公司、客户、产品有一个充分的认知和积累，之后才会在每一次服务的过程中以客户满意为目的来充分理解客户的需求，并主动根据实践进行分析，通过复盘不断改善。而后一种认为客服仅是接电话、做记录的人，工作起来就会十分机械、被动。两种认知会导致出现两种不同的表现和两种不同的结果，这在我们的日常工作中并不少见。

为什么商业认知是一个人对关键四问的回答呢？商业的特点是无中生有，且商业认知具有创造性、目的性、有效性和可知性的特点，显然不符合这些特征的认知不是商业认知，符合这些特征的认知有可能是商业认知。

还是用造房子的过程进行说明：图纸设计阶段是第一次创造，解决"是什么"（比如，让每个人都有安静的、属于自己的、不被打扰的小环境）、"为什么"（比如，安得广厦千万间、大庇天下寒士俱欢颜）的问题；房子的建造阶段是第二次创造，解决的是"怎么做"的问题（比如，保暖保湿、下水、现场公共设施接驳等，都是这时需要考虑进来的，也是需要被创造性解决的）；对房子的描述、介绍、销售话术等是第三次创造，这次创造让房子的商品价值得以实现，让客户理解了供给、完成了购买，这都是创造性地解决"怎么说"的问题。

通过这三次创造让原来停留在脑海中的设想变成了真实的房子并实现了价值，也让客户在新房里开始了新的生活。所以在这三次创造过程中，"是什么""为什么""怎么说""怎么做"在各个阶段的准确回答起到了关键作用。

换句话说，商业认知过程中的三次创造过程就是"想到、做到、说到"。因为商业活动都是无中生有的，即创造性地实现某个目标，这一特点决定了商业认知必须同时满足想到、说到、做到三个条件，任何一个条件不满足都不是好的商业认知。对商业认知的四个问题的准确回答符合这三个条件。

用凳子模型类比商业认知的"关键四问"

不难发现，凳子模型的类比，不仅从外形到本质都和商业认知的概念十分贴切，并且家喻户晓的凳子还非常容易被用来解释其他商业上的概念和行为。

比如，凳子腿和凳子面的支撑关系很好地揭示了一个完整、清晰的商业认知产生顺序，以及在合理性、可操作性、可沟通性上得到逻辑支撑。这就很容易区分好的商业认知和差的商业认知。

此外，凳子的用途可以是揭示商业认知的作用。凳子的功能是把重物稳定地托举到一定高度，好凳子托举的是使命、愿景，乃至意义和价值等。比如，百度的凳子可承载百度的使命和愿景。

凳子能托举的重量和高度，取决于凳子腿是否同长，以及是否足够结实，当然也取决于凳子面的完整程度和面积。比如，一个公司在凳子的第二条腿，即"怎么做"方面根本没有想清楚，最终的结果是凳子不完整，没有支撑能力，公司愿景无法实现，使命无法履行。

同理，如果一个公司的凳子面太小，那么这个凳子也难以承载重物。比如，把迪士尼狭窄地定义为 3 ~ 6 岁儿童的游乐园，就无法承担其"让世界欢乐起来"的使命。

通常情况下，打造凳子需要时间，发展公司也一样。公司可能起始于一个小的供应系统，也可能会逐渐成长为一个"高瞻远瞩"的公司，拥有一个伟大的使命或愿景，即梦想和灵魂。尽管其实际业务的起点较低，但是投资人、员工、客户会被这个使命和愿景吸引，并充分认同其价值观。这时每个公司要做的就是不断地分阶段扩展凳子面，一点点趋向那个能够支撑巨大使命的凳子。在这个过程中，每个更接近使命和愿景的胜利都会令所有人增加信心，最终实现使命的可能性就会大大增加。

阿里巴巴的凳子想承载的是让天下没有难做的生意这一使命，以及成为一家拥有 102 年历史公司的愿景。尽管阿里巴巴起始于 B2B 电商，但是随着时间的推移，又做了天猫、支付宝等，阿里巴巴正在成为电子商务的代名词。近几年，阿里巴巴又把自己定义为数据公司，最新的定义是第五大经济体。其实这些定义是在把阿里巴巴的凳子面不断延展。

此外，用凳子类比还有其他好处。比如，修补凳子、打造凳子可以与商业认知的现实意义及场景对应；踩着凳子上凳子、拉别人上凳子、摞起凳子来支撑高度等，都有很实际的商业场景，非常符合大众的认知逻辑，并容易被人接受和理解。这就是为什么用凳子来类比四个关键问题的原因。

因为凳子模型包含"是什么""为什么""怎么说""怎么做"（即2W2H）的要素，所以很多人一定会自然联想到 4W+2H 模型。凳子模型和 4W+2H 模型的区别在哪里呢？下面我们举个例子来帮助大家理解。

《我有一个梦想》（I have a dream）是马丁·路德·金于 1963 年 8 月 28日在华盛顿林肯纪念堂发表的著名演讲，内容主要是呼吁种族平等。该演讲在当时产生了极大反响，令更多的有识之士真正关注黑人所遭受的不公正待遇。和以往的演讲一样，马丁·路德·金在演讲中用到了多个气势恢宏、令人激动的排比："我梦想有一天，在佐治亚的红山上，昔日奴隶的儿子将能够和昔日奴隶主的儿子坐在一起，共叙兄弟情谊；我梦想有一天，甚至连密西西比州这个正义匿迹、压迫成风、如同沙漠般的地方，也将变成自由和正义的绿洲；我梦想有一天，我的四个孩子将在一个不是以他们的肤色，而是以他们的品格优劣来评价他们的国度里生活。"

我们不妨设想一下，如果马丁·路德·金的演讲题目不是《我有一个梦想》，而是《我有一个计划》，且计划完全符合 4W+2H（谁、什么时间、做什么、为什么、怎么做、做多少）的模式，清楚、准确、严格地一一罗列出来，效果会怎么样？一定很滑稽，对吗？这是因为在短时间内针对数十万甚至更多人倾听的一个演讲的唯一目的是带着大家上凳子，接下来将一起打造新凳子（关于上凳子和打造凳子的概念，详见后面的内容），即建立共同的目标和接受目标，让大家理解"是什么""为什么"是唯一的重点。

在阐述"是什么""为什么"时，马丁·路德·金说"我们为兑现支票而来。"支票是指美国政府曾经草拟的种族平等的宣言。这一类比浅显易懂，很快引起听众的共鸣。而后面的排比，其实是更生动、形象地论证了"为什么"，即人人渴望的愿景和梦想。让所有人理解这次演讲的目的是把大家的意识统一在一起，对共同的意识有信心是这个演讲的使命。

那么，什么是梦想呢？梦想就是一件事"是什么""为什么"的具体内容，以及背后意义和价值的具象化呈现：梦想就是森林里的仙女、美国西部山里的金子、张小龙想做一个人人都会用的软件；梦想是人类能"无中生有"、改变现状的起点和源头；梦想是一个商业认知的凳子面所要承载的意义和价值。

在一个拥有同样梦想的群体中，对领袖梦想者的信任和梦想内容的信心是实现梦想最重要的基础。一场伟大的演讲不是在计划和执行细节上的宣示，而是能够唤起利益相关方对梦想的强烈信心和信任，并燃起一起参与第二次创造的巨大激情。

打造一个好凳子是有顺序的：凳子面（是什么）是起点；第一条凳子腿（为什么）紧随其后，这两个问题确定了凳子应该承载什么，这是使命、愿景、梦想，是价值和意义的来源；之后，被凳子吸引而来的小伙伴会一起考虑"怎么做""怎么说"的问题。

如果把商业认知类比为一个三腿凳子，那么面儿平整、腿结实的凳子就是好凳子。那是不是还有一些残缺的凳子呢？答案是肯定的，甚至比比皆是。为什么有些大学生找不到工作，而有些人还未毕业就能收到多个单位的录取邀请呢？为什么有些人创业总是失败，而有些人在创业时如有神助？其实两者的差别在于拥有凳子的质量。残缺凳子不仅不能支撑重物到一定高度，而且还在我们的日常沟通、协同、创新方面带来极大阻力。飞盘、铁饼、蒲公英、蘑菇、双柄炒锅是比较典型的残缺凳子。

- 飞盘：有些人的商业认知仅停留在概念阶段，且对名词认知也很肤浅，甚至错误。这一类就是飞盘式认知，飞盘是不可能承载重物的。

- 铁饼：有些人对商业概念"是什么""不是什么"的了解足够深刻、准确，但对"为什么""怎么做""怎么说"完全没有概念。这些认知的"主人"往往是"老司机"。比如，在师傅的眼里，好徒弟的标准是清晰的。但为什么是这个标准、怎么培养、怎么引导就不清楚了，这一类就是铁饼式认知。

- 蒲公英：有些人的认知是蒲公英式的，即对于"是什么""为什么""怎么说""怎么做"都知道那么一点，但又不扎实，仅是听说了一些概念、了解些皮毛，禁不起质疑和挑战。

- 蘑菇：蘑菇有头有柄，看起来和凳子的形状相近，但是承载不了重的东西。有些人的商业认知就是这个形状，即认知准确但深度不够，所以凳子面不大，只有一条腿但不结实。

- 双柄炒锅：对凳子面的认知已经很清楚，三条腿中的两条腿也很结实，虽然不能被当成凳子承载重物，但是掌握这类凳子的人是对"是什么""为什么""怎么做"非常熟悉的人，或者是对"是什么""为什么""怎么说"很精通的人。前者可以成为实践者，后者可以成为传道者。

即便如此，大家也不用过分担心商业认知上的残缺凳子。这是一个常态，每个人都应该升级商业认知。组织和组织之间的竞争，归根结底是组织这个整体凳子的比拼。组织这个凳子部件的缺失可以通过团队建设来完成。比如，很多软件公司的 CEO 不会写代码，核心原因是他的角色要求其具有对更高凳子的认知，而写代码是一个执行层面员工的矮凳子。即便没有这个技能，也不影响 CEO 履行自己的职责。只要找一个好凳子（拥有这个技能的人）来支撑住自己的这条腿就可以了。

凳子模型是对商业认知想到、做到、说到的三次创造的具体体现。为了便于大家理解，我们把认知和创造者的主体加入模式中，即给三次创造找到自己的主人。虽然三次创造的主人（三个角色）在一次具体认知活动中可能是同一个人或团队，但为了便于大家理解，我们还是将其分为三个角色进行介绍。

- 第二次的创造者是执行者，作用是做到，用于解决"怎么做"的问题，我们统称这些人为"练家子"。
- 第三次创造者的作用是说到，用于解决"怎么说"的问题，我们称这些人为"说家子"。
- 因为大家对"说家子""练家子"这两个词都很熟悉，所以在回答第一次创造者解决"是什么""为什么"的问题时，也可以参考"练家子""说家子"的命名方式，为此我造个新词："梦家子"，即善于设计、规划、思考的人，其工作是想清楚意义和愿景。

02
对特定商业概念拥有
更准确、创造性的定义 /

特定概念是认知的起点，凳子面和第一条凳子腿是"梦家子"工作的结果。

不少成功的企业家在最初创业时都被人当成疯子。的确，疯子和企业家都有疯狂的一面，但两者的区别在于其梦想的凳子面是否完整、结实。

从个人和组织的"是什么"和"为什么"可推导出个人和组织的使命及愿景；从一个具体概念的"是什么"和"为什么"可推导出这个概念的价值和意义。事物是普遍联系的，这两者都来自于"想成为""能成为""需成为"的交集。下面以阿里巴巴为例进行说明。

首先，阿里巴巴"是什么"及阿里巴巴的愿景和使命，是阿里巴巴管理团队和全体员工主动回答的结果。阿里巴巴在这个层面上的定义很大一部分来自于主观成分，情怀也好、理想也罢，都反映了阿里人对公司未来的期许。沿着"想成为"这条线，阿里人还需要回答很多问题，比如，对使命、愿景、理想、意义、价值的判断等，这些都是一摞小凳子，需要"梦家子"将其打造好。

其次，商业上的大机会也是时代的产物，不是一个人想创造就能创造的，通常是社会、技术在发展到一定程度后才能诞生的商业新物种。某企业家经常说："这个社会不缺挣钱的公司，但是缺少有理想的公司。"在这一认知中，社会需要这样一个公司是前提。沿着"需成为"这条线，又要回答很多问题。比如，社会是否需要这样一个公司，以及对宏观经济、消费趋势、技术变革、产业前景等问题的思考与判断，这样又有一摞小凳子需要"梦家子"将其打造好。

最后，除了"想成为""需成为"以外，还有一个重要的因素，即能力。是否"能成为"这样的公司是由公司的阶段性优势和劣势决定的。沿着这条线，又需要回答更多关于自身的内部问题。比如，拥有什么、可以放弃什么等，这些是第三摞小凳子。

只有以上这些小凳子都结实、完整，阿里巴巴的凳子面，即"是什么"才能得到深刻、准确甚至唯一的回答，因此这些背后的凳子也是支持阿里巴巴的凳子。CEO 只有对所有这些凳子都有深刻认知，才能确定好公司的使命和愿景。

同样的，对个人而言也是如此。通过回答在家庭或社会中的角色"是什么"和"为什么"的问题可推导出个人的使命和愿景，也就是墓志铭上想写的字。而若想弄清楚这个事儿，自然要分析社会或家庭是否需要这样的角色，以及自己的性格特点。

凳子面的差异会直接造成三条凳子腿的差异，以及凳子主人内心的不同感受。比如，建造华丽教堂这件事一定会让人产生价值感、自豪感，可让很多人自愿参与进来奉献自己的力量；可为在医院打扫卫生、处理病人呕吐物的清洁工定义一个新的职位名称：清洁天使。

相信读过《从0到1》这本书的朋友都对作者彼得·蒂尔在书中分享的一个面试题印象深刻：在一些重要问题上，你是否与其他人有着不同的看法？实际上这是在验证一个人的独立思考能力（认知特定凳子面）：重要问题是指凳子面足够大，如果你有和其他人不同的看法，并在面试过程中通过陈述让对方接受你的观点，基本上就可以判断你有深刻认知凳子面的习惯，以及不凡的能力。而这正是创业过程中创造能力的体现。

在厘清凳子面（是什么）之后，第一条腿（为什么）紧随其后，这是非常关键的一条腿，也是大家最先提出的问题。比如，秦始皇在确定了凳子面就是"修建万里长城，防御匈奴侵略"之后向大家宣布了这个消息。当时大臣们还在窃窃私语："长城是什么呢？为什么咱们要防御啊？以咱们的实力是不是应该进攻呢？"

在具体执行时，大家的心中还有一大堆未解之谜：就算需要防御，为什么非要采用城墙的方式呢？水、火、驻军等方式会不会更好呢？即便非要修长城，为什么非要在这里修呢？

以上两类问题都是在既定事物或概念的定义明确后需要回答的：一类是对使命和价值观的澄清；另一类是对科学性和合理性的确认。这些都是"为什么"这条腿需要回答的问题。

正所谓："治病要了解病理，下药要知道药理"。在职场中，我们经常被要求具有批判性思维、高质量的质疑习惯，其具体表现就是对每一个疑点提出问题，即为什么。

为什么高质量的质疑会有如此大的价值呢？下面用我们在治病过程中对病理、药理的理解进行说明：如果"是什么"对应于一个疾病名称，若要治好病就需要在知道病理和药理后再对症下药，病理是关于病因而提出的"为什么"，而药理是关于治疗方案"为什么"的回答。不难理解，一个治疗方案好不好、一定可以禁得起"为什么"的质疑。只有实现对病理分析的准确性，才可以对症下药。

人类彻底消灭天花靠的是牛痘，这是在理解天花病毒病理的基础上实现的：人们发现天花病毒具有一个致命弱点，即人体是天花病毒的唯一宿主，也就是说，天花只有人才能感染，也只有人与人之间才能传播。牛痘其实是感染牛的病毒，属于畜类疾病，虽然也能感染人，但是其致死性远小于天花，而且感染过牛痘的人不会再感染天花，这就为消灭天花提供了生物学前提。于是人们通过接种牛痘的方式最终消灭了天花。

回答"为什么"并不容易，但十分有价值。错误地对"为什么"进行归因会导致错误的行动，只有正确地对"为什么"归因才能产生正确的行动。

我在每次乘坐飞机时都不禁感叹：这样一个庞然大物怎么就能飞得那么高、那么远。目前，人类制造出来的最大飞机是俄罗斯的安 -225 运输机，这个飞机的最大起飞重量是 600 多吨。大家一定好奇，这么重的家伙是怎么飞起来的呢？实际上，人类一直利用仿生学制造飞机，鸟为什么能飞起来是很重要的因素。按照鸟是因为上下扇动翅膀才能飞起来的思路，一直没能造出飞机，直到人们发现了鸟滑翔的空气动力学原理，喷气式飞机才得以制造出来。在这一过程中，对鸟为什么会飞的正确回答起到了最关键的作用。

我听到过很多关于美国海军陆战队的故事，其中印象最深的一个是他们激励士兵的方法。在训练特别严苛、淘汰率非常高、连续行军两天且睡眠时间不足 4 个小时的情况下，对于士兵而言多处负伤都是家常便饭。随着时间的推移，总有人会濒临崩溃、准备放弃。这时会有人向士兵提出一个问题：为什么要参加海军陆战队。有的士兵回想起他的理想就是成为海军陆战队的一员，让父母为其骄傲；有的人想给家人更好的生活……于是在这样一个个不同信念的激励下，很多新兵从放弃的边缘回头，完成了考验。

你看，同样是一件枯燥、艰苦的事，如果把艰巨的任务和选择的意义联系起来，就会产生强大的动力。著名社会学家马克斯·韦伯说过："人是悬挂在自我编织的意义之网上的动物。"

能够正确回应对"为什么"的质疑，可充分保证一件事的科学性和合理性。但科学性和合理性的回答不是一个商业行为存在的唯一原因，另一个重要原因是意义和价值，这也是回答"为什么"时第二个重要的思路。

比如，把"为什么"问题的主体换成政党，"是什么"和"为什么"的回答就将变成著名的"为了谁""依靠谁""我是谁"的问题。这个问题的正确、深刻回答是政党的使命和价值观的来源。有了使命和价值观，继而就很容易知道什么是正确的事儿，以及什么是正确做事儿。

对"是什么"和"为什么"的回答是认知的第一次创造，也是最重要的一次创造，这是核心差异和竞争力的来源，也是在互相协同时信心和信任的来源。

03
不是所有的"怎么做"都有正确答案，就像不是所有疾病都能被治愈

"是什么""为什么"确定了意义和价值，接下来总会有类似"把大象装冰箱，总共分几步"的问题，这是典型的"怎么做"的难题。通常情况下，越是有意义、有价值、有竞争力的商业目标，在"怎么做"方面越是一个比较难的挑战。未必所有的"怎么做"都能找到正确的答案，就像不是所有的疾病都能治愈一样。

为什么传统中餐很难规模化

在商业上经常有这样的案例：设想非常好，"是什么""为什么"也能讲得很清楚，但就是找不到路径，或者试了很多方法都没成功。这时"梦家子"和"练家子"就会打起来：到底是想得不对，还是做得不对呢？还有一些人直接利用各种先进的工具进行目标分解，但仍没有得到预想的结果。

其实从"想到"到"做到"需要找到充分条件，而不是必要条件，即做了 ABC，自然会有 D 出现。但有时候，未必能找到充分条件，或者只有在认知大幅度升级后，才知道充分条件在哪里。这一点在创业和转型时体现得十分明显。

2004 年我帮一家中餐企业做过一个咨询项目，企业老板看到麦当劳的连锁复制做得非常好，自己也开始模仿，但就是不成功，很希望通过转型向麦当劳学习标准化、规模化。这家餐饮公司很火，但在全北京开了 6 家店后就开始被出现的各种问题拖累，举步维艰：厨师要求涨工资、采购人员吃回扣、服务人员忙不过来、菜品也出现各种问题。

其实，从理论上分析，服务有服务工厂和服务作坊、专业服务和大众服务之分。麦当劳是一个服务工厂，而中餐厅是一个服务作坊：服务作坊是理发店、裁缝铺的生意，主打的是定制，服务作坊的模式本身就限制了规模；服务工厂是有标准、规范的，从一开始就按照规模生产的方式设计。

而中餐的口感味道取决于食材从地里到口里的时间，要想中餐有好的味道，就必须在上桌前完成定制，而不能像麦当劳那样做出很多中间产品，仅在最后进行简单加工和组装，这就是为什么中餐很容易成为一个服务作坊的原因。在所有中餐中，火锅是为数不多的由消费者自己完成烹调的产品，既可以保障味道，又可以避免因产品定制化导致对厨师的依赖，因此，最早做出规模的中餐恰恰是小肥羊、海底捞这样的火锅店。

服务工厂和服务作坊是对一个具体服务产品的两个不同认知小凳子，每个小凳子的认知充分，都有三条腿，即单独都行得通。但是，如果想硬生生造出一个服务工厂，还硬生生利用服务作坊的第二条腿，则根本无法做到，因为这条路走不通。

但是，是不是根本不可能在保证中餐味道的同时实现规模化了呢？别急，创新会制造惊喜。最近德国中餐机器人炒菜的视频点击量很高，德国人在"怎么做"方面的创造能力着实令人惊叹。德国人把中餐的烹调变成了在人工智能支持下的无人操作的食物制造，这是在技术创新后，在服务工厂模式的基础上中餐领域"怎么做"的又一次创造。如果接驳消费者消费习惯的大数据，再使用人工智能确保每个消费者下单时都能按照其口味定制，这个创新将为服务作坊插上翅膀，缓解了中餐餐饮业个性化和规模化的矛盾，非常值得肯定。人工智能在很多行业里都能缓解服务依靠个性化和盈利依靠规模化的矛盾，因此有巨大的发展前景。

商业认知的质量正在严重影响商业实践的质量，中餐如何在保持定制化优势的同时还能实现规模化经营，商业认知在这之中起到的作用很大。

能力在组织中得以传承的秘密

你会使用筷子吗？相信很多人都会不屑地说："我都用了一辈子筷子了，这还用问吗？"但你能快速教一个不会用筷子的人使用筷子吗？这下子估计会难住很多人，但是教人快速学会使用筷子这件事被一个老外做到了。他把视频发到 YouTube 上，并帮助很多人很快找到使用筷子的诀窍。其实他总结的关键之处有两个：在两根筷子中，下面那根一直处于静止状态；张开、夹上的动作来自于上面那一根。因此，最为关键的是如何令下面那根筷子处于稳定状态，要点如下：

- 下面那根筷子与手有三个接触点，两端作为支点。
- 大拇指用于压住筷子，无名指其实是"反向用力顶住"。
- 很多不会用筷子的人败在无名指的用力方向上，只要这个方向搞对了，下面那根筷子就稳定了。
- 不断练习如何用大拇指和食指控制上面那根筷子并夹住东西即可。

按照以上标准，至少有一半中国人用筷子的方法是错误的，而剩下的一半人，虽然会用筷子，但对使用筷子的认知也未必能到很快可以教老外使用筷子的程度。

其实老外总结的使用筷子的教学内容属于方法论总结，这是"会教"和"会做"之间的最大差距。不难看出，有了方法论，如果按照这个方式学习，哪怕是没有用过筷子的人也能基本掌握或理解，继而熟练使用。

一个人偶尔把一件事做对可能是运气，但如果能够持续地把一件事做对就是能力，如果还能带着别人持续地把事情做对，就需要总结出方法论。使用方法论没有惊喜可言，即自己每次按照方法论都能做对，其他人用方法论也能做对，甚至其他人可以用方法论训练新人，这是商业组织急需的能力。当然，有没有方法论也体现了职场人在专业性上的不同层次。

不难看出，如果创造出方法论这个新凳子，将是对另一个更大、更多事情的第二条腿的支持。因为很多大的事情需要做计划以便构成第二条腿，方法论本身就是在很多场合下支撑起第二条腿的一个凳子。

快速试错和遵循原则

不管是第一次创造还是第二次创造，商业中的很多创造都是无中生有的，且第二次创造要支持第一次创造。乔布斯也好，马斯克也罢，之所以提出那么多古怪的要求，是因为第一次创造的意义太大，对"怎么做"的第二次创造形成了挑战和压力。在这个过程中，如果暂时无法根据第一性原理找到充分条件的解决方案，也未形成方法论，那么可能快速试错是此时最好的策略。

快速试错也不是新鲜事儿，爱迪生就是快速试错的专家：在 999 次的尝试均失败后，找到了钨丝作为灯丝的材料。快速试错也是互联网企业认知一些规律的方法。比如，互联网人信奉客户第一，但客户究竟喜欢什么谁也不知道，所以快速试错就是找出客户喜欢的产品，实现竞争优势的唯一方法。

互联网之所以能快速试错与互联网产品的特性有关。从本质上讲，互联网是一种服务，用户使用时没有所有权的转移，服务提供商依然可以根据用户的行为反馈进行修改，并让这种修改有了可靠的依据，产品会依据用户反馈越变越好，因此，快速迭代机制成为互联网相对于传统硬件和传统软件这种以所有权转移为交易方式的优势所在。

不知道大家是否注意到一个现象，即在我国互联网领域没有大的外国玩家，即使是在完全对外开放的领域中也没有。之所以出现这种现象是因为互联网的核心是用户第一和快速迭代：快速迭代的生产方式保证了生产力的先进性，深扎本地、基于数据做出快速决策的创业者保证了这种生产力的实现，而外国公司的管理制度极大抑制了这种可能性，在中国推出中国人喜欢的产品自然是个难题。

如果在一些领域，其目标多样且复杂，需要较大的随机性和灵活性，没有具体和确定的方法论，即便做凳子分析也来不及，那么应该如何确保成功的概率呢？这时应该寻找并遵循在特定场景下的做事原则。

在商业生活中，大的原则就是判断对错的依据，即个人和组织的价值观；小的原则是保证增加做对概率的判断标准。这二者都是在不确定的环境下增加试错成功率，以及确保少走弯路、少掉坑的法则。

04
知道怎么说，既需要技能，
也需要善良的品质／

　　"说家子"不是耍嘴皮子的人，不是"侃爷"，而是那些能把别人从低凳子快速带到自己高凳子上的人。在新兴的互联网领域，以及很多国外大公司，这一类人甚至有一个尊称：布道师。

　　商业生活中需要"说家子"的场景太多了：需要和不同背景的投资者沟通，以便获得投资；需要和不同领域的人才沟通，以便邀请他们加入团队；需要和潜在客户沟通，以便说服他们使用我们的产品或服务；需要和供应商沟通，以便让他们给出最好的价格和付款条件；需要跟公众沟通，以便令他们支持我们的新方向。

　　若不知道怎样向别人推销自己的公司、产品或你本人，将会耽误不少事儿。"说"其实是一种能力，更是一种态度。柳传志对干部的要求是能干会说，即把"说"的要求提升到一定的高度。这是有原因的："怎说"是凳子的第三条腿，缺了这条腿，凳子是立不稳的。在美国的 IT 行业中，部分聪明、勤奋的中国员工在职业发展方面没有印度人顺利，也是输在对"说"的重视和能力上。知道一件事应该怎么说是个艺术，既需要技能，也需要善良的品质。

好的沟通是带人上新凳子

人只会接受被自己体验后证实或已经完全认可的道理，这些道理来自自己已有的凳子。很多人说验证对一个问题的认知是否到位有一个便捷方法，即什么时候能把自己的道理讲给看门的老爷爷、卖茶叶蛋的老奶奶，让他们都能听懂、认可、接受了，可能这个认知就对了。

我们都知道，在把一个复杂的新事物讲清楚，并让别人理解、接受、执行的过程中，如果和同行交流就会相对容易，但如果遇到外行，特别是受教育程度较低和接受新事物较少的人，将是一件非常不容易的事儿。这是因为每个专业都有自己的"语言"：HR 有 HR 的语言，财务有财务的语言，市场有市场的语言，技术有技术的语言。这里所说的"语言"其实就是一些领域中基本概念的凳子，是大家在这个领域已经获取的知识、经验或术语，且已产生共识的内容。比如，一提起 PPT，很多人都知道是通过 PowerPoint 制作出来并用于展示自己想法的文件，不用再做任何多余的解释。在交流新的概念和内容时是直接踩在这些共有的凳子上，因此能够到达新高度的凳子效率和准确性都会大幅度提升，难度也可大幅度降低。这就是为什么同行借助术语沟通起来很有效率，但借助这些凳子来帮助外行上新凳子就是一个难题。

一件事能让卖茶叶蛋的老奶奶、看门的老爷爷听懂、接受，就意味着传递者需要迎着这个难度，将自己的认知做进一步提炼和升华，寻找适合老奶奶、老爷爷的新凳子。

虽然老奶奶、老爷爷没有业内术语的"凳子"，但老爷爷、老奶奶也是有凳子的人，这些凳子是由多年的生活经验总结、归纳的朴素道理，以及自己认为验证正确的结论组成的。老爷爷、老奶奶的这个凳子虽矮，但非常朴素，也禁得住考验，所以能据此类比到一个新的概念并让他们理解，这个新凳子的正确性也就不言而喻了。

在这一方面，高手是怎么做的呢？比如，一个很典型的管理问题，即在创业阶段的队伍建设中应尽量避免因空降人才导致的大材小用。当然，不同的人会有不同的看法，在这里不讨论对错，重要的是如何把自己的观点讲出来并让别人接受。

大家可以听听马云是怎么说的。马云说："不能把波音飞机的引擎装在拖拉机上。"这样一说就很浅显易懂了。如果仔细分析可以发现至少包括几个小凳子：第一个凳子，创业阶段的公司仅是个拖拉机，不是波音飞机；第二个凳子，员工是公司的"发动机"，有了发动机，拖拉机才能跑起来；第三个凳子，高端优秀人才是波音飞机的引擎，只有在波音飞机上才能发挥作用；第四个凳子，创业公司对人才不能大材小用，拖拉机有拖拉机专用的发动机驱动，若把波音飞机的引擎装在拖拉机上，不仅拖拉机受不了，引擎也发挥不了作用，最后的结果可想而知。

细看一下这个类比，"是什么""为什么""怎么做"的问题都被马云解释了，即使是对创业一无所知的人，只要知道飞机、拖拉机、引擎等基本概念，就能理解马云在说什么。更重要的是，因为通俗易懂和符合逻辑，大家能很快认可他的说法。

马云绝对是一个带人上凳子的专家。他另一个非常著名的类比是关于与国际大公司的竞争。马云说："eBay 是大海里的一条鲨鱼，可我是扬子江 [1] 里的鳄鱼。如果我们在海里交战，我会输，但如果在江里对峙，我稳赢。"在这个类比的背后，实际上是马云一系列的判断和理解，即当时对阿里巴巴"是什么""为什么""怎么做"的理解，也涵盖了对 eBay "是什么""为什么""怎么做"的理解。马云的这个类比，再次基于每个人都能理解的鲨鱼、鳄鱼、大海、长江的小凳子，把大家带到了和国外大公司竞争这一策略的大凳子上来，堪称是"怎么说"艺术的典范。

"是什么""为什么""怎么做""怎么说"四个部分构成了认知的四个方面，"怎么说"是检验前三点是否准确的手段。只有对前三点认知准确、深刻，才有机会说得通俗，才能找到对方已经掌握的凳子。通过已有凳子做台阶，其他人才有可能接受，并带对方上自己的凳子。类比成为"怎么说"最强有力的工具。

---

[1] 扬子江是对长江从南京至入海口的下游河段的旧称。

沟通是看人下凳子

有句话叫"看人下菜碟儿"。虽然这句话是贬义的，形容待人势利、做人没有诚意，但把这句话引用到沟通中，沟通要看人下"凳子"，却是非常正向的，即根据沟通对象的认知基础确定沟通的方法和策略。

对于一个复杂的概念，用最简单的方式让别人理解、接受、支持是一个创造性的过程，也是一门艺术，是概念认知水平高的表现。无数的成功人士，在这方面都有非常出色的表现。

谷歌公司有一道很常用的面试题：你能把一件我不知道的事情，在两三分钟内向我讲明白吗？这个问题甚至被用来面试前产品高级副总裁乔纳森·罗森伯格。在这道简单面试题的背后是检验候选人理解和解释复杂问题的能力和意识。只有拥有这个意识和能力，才能根据沟通对象寻找到合适的凳子，把一件你不知道的事情在两三分钟内讲明白。

在商业认知领域，说话和交流就是带领别人上新凳子的过程。若能说得好，就能在最短的时间内让别人愿意认可你的凳子，上到你的凳子上来；若说不好，没有效果，就是在浪费彼此的时间。

大多数人都有去医院看病的经历。大家是否发现这样一个现象：有些病的治疗需要一定的时间才能有效果。让人满意的大夫往往不仅是最终治愈疾病的大夫，而且是花了足够多的时间做病因、病理分析，然后向患者做了深入浅出介绍的人。只有患者听懂了、认可了才能满意。其实好大夫就是三次创造的高手，特别是以病人为中心的第三次创造高手，比如，儿科医生在和发热患儿的家长交代病情时说："患儿发热就像在火炉上烧水，退烧药就像往锅里浇凉水，虽然水暂时不开了但只要火还在烧，水就还会开。只有找到病因把火灭了，锅里的水才会自然凉下来，烧也就退了！"

出色的沟通让人愿意一起造凳子

沟通有两种目的：一个是让别人上凳子；另一个是让别人参与造凳子。目的不同则挑战不同。

带人上凳子指的是让他人理解或接受你的凳子，即认可你的概念和想法，行动上表现为合作或买单。比如，基于自己已经拥有关于上火认知的凳子，又接受了"怕上火喝王老吉"的宣传，上了凳子之后的表现就是购买王老吉的产品。

而让别人参与造凳子是指什么呢？可口可乐中国区的一名高管，在听了王老吉创始人准备打造凉茶饮料航母的想法后，尽管王老吉仍处于创业阶段，"怎么做"和"怎么说"还八字没一撇，该高管还是毅然辞职，放弃高薪加入王老吉一起造凳子。乔布斯说服斯卡利停止卖"糖水"，加入苹果公司一起改变世界，用的就是这一招。

在我看来，若一件事符合"三合"（"合义""合情""合利"）就会促使人们产生行动，而说的技巧在正确理解、有效传递"三合"的过程中十分重要。

这很符合神经学家保罗·麦克里恩的解释，他认为人类颅腔内的脑并非只有一个，而是三个。这三个脑作为人类进化不同阶段的产物，按照出现顺序依次覆盖在已有的脑层之上，如同考古遗址一样，保罗称其为"人脑的三位一体"构造。他认为三脑的运行机制就像三台互联的生物电脑，各自拥有独立的智能、主体性、时空感与记忆。这三个脑分别为新皮质或新哺乳动物脑、边缘系统或古哺乳动物脑，以及爬行动物脑，分别代表直觉、情绪和意义，因此若想触发一个人的行动需要"合情""合利""合义"。

在一个产品导入市场的初期，消费者的购买其实是一种在接受了理念后，准备付出及和厂家一起造凳子的行为。考虑到消费者的机会成本和风险，商家的沟通更应该以带消费者造凳子为目标进行。著名教授西蒙·斯涅克在演讲《伟大的领袖如何激励行动》中以苹果公司为例论证了能讲清楚为什么、解答意义和价值对行动的重要性：

如果苹果公司跟其他公司一样，他们的市场营销会这样说："我们做最棒的电脑，设计精美，使用简单，界面友好。你想买一台吗？"销量肯定不会太好。实际上苹果公司的沟通方式是："我们做的每一件事情，都是为了突破和创新。我们坚信应该以不同的方式思考。我们挑战现状的方式是把我们的产品设计得十分精美，使用简单和界面友好。我们只是

在这个过程中做出了最棒的电脑。想买一台吗？"这两种沟通方式给人的感觉完全不一样，对吗？

正因为如此，西蒙·斯涅克教授总结说："人们不会为你做了什么买单，只会为你为什么做这个买单。"

回到苹果公司的案例：诱之以利，在"合利"层面上的诱惑，每个生产电脑的公司都想到了也都正在做；动之以情，即在"合情"层面上每个公司都在不停寻找，并也拥有足够多的经验；晓之以义，在这方面的能力和做法决定了差异，挑战思考方式和改变世界这一重大意义，让苹果公司的凳子有了人格和灵魂，形成了相对于其他公司和产品的核心差异。西蒙·斯涅克关于《伟大的领导者如何激励行动》的论述实际上是对这个道理在操作层面上的总结。

05
从必然王国到自由世界的认知差异

通常说的必然王国就是知其然，即知道"是什么"，而自由世界就是知其所以然，即知道"为什么"甚至知道"怎么做"，一般也会推导出"怎么说"的答案。所以从必然王国到自由世界，其实差了一个结实的小凳子。

庄辰超是去哪儿网的创始人，面对已经上市的携程和艺龙，去哪儿网在最早的创业团队里居然没有做过旅游的人。庄辰超给出的解释是："我们凭借商业分析工具，好奇地在这个复杂的系统里寻找下一个大的部件更新机会，这些分析的图表最终指向了一个概率最高的细分市场，即在线旅游，我们便以旅游搜索的方式切入。"他相信的是建模和逻辑推演。虽然看起来有点简单化，但事实验证了这位理工男思维的正确性。

在我看来，可能就是因为庄辰超拥有互联网流量变现的小凳子，从而完成了从必然王国向自由世界的过渡。在看透互联网流量生意"是什么""为什么""怎么说""怎么做"后，其效果就像站在十楼看一楼的迷宫一般，只要按照事情本来的逻辑和模式运营，就能知道执行的关键和机会在哪里，使得最终胜出成为必然。

相似地，我们可以在亚马逊最早品类选择的标准中看到同样的逻辑。亚马逊现在已然是互联网巨头，早期亚马逊选择的第一个商品是图书。其创始人杰夫·贝索斯在一次私下的分享中提到他的考虑：市场一定要足够大；品类必须有长期的成长性；消费者的复购率要足够高；最重要的是，我们要选择一个售后成本很低，甚至干脆没有售后服务的商品！亚马逊的这个选择过程，看似简单实则不易。在分析并基本掌握了当时电商流量入口的充分条件，即掌握了流量生意的小凳子后，做出后面的选择就是水到渠成的了。

其实，电商和搜索引擎的商业逻辑相似，都是通过建立和维持流量入口的地位并通过后向付费获得收益。电商与搜索的不同点在于虽然搜索的网页收录量大，但主要由蜘蛛程序完成，所以成本相对更低。但是电商的收录是有成本的，如仓储、管理、物流等。在这些商品里，显然图书的综合成本较低。此外，购书属于电商里的高频次，特别是针对一些长尾的书籍，以及在线下找书过程中高昂的时间成本，线上购书的需求就变为刚需。对于图书这样一个天生不需要太多售后服务的品类，消费者在做出购买决策时相对容易，不需要太多思考。由于图书的物流成本较低，因此网站承诺在购买后可以退换。在选对了品类、做对了事情之后，亚马逊从容不迫地迈进了自由世界的大门。

通过以上案例的分析，足以说明凳子的重要性：如果在一个领域拥有完整、结实的小凳子，那么实现一个目标或者获得成功就可能是必然的事情了。

在工作中，将着力点放在凳子面和第一条腿上，还是将着力点放在第二条腿（怎么做）上是选择和努力的差异，也是做正确的事儿和正确做事儿的差异。

对于做正确的事儿和正确做事儿哪个更重要，很多人有不同的见解，甚至有人会说在不知道是不是做正确的事儿之前只能选择正确做事儿。其实，凳子面或凳子腿都不重要，整体凳子才重要，被凳子支撑起来的东西，即使命、愿景，或者梦想和意义更重要。正因为如此，我个人认为选择做正确的事情更为重要。

是否做正确的事情是战略问题，回答的是"是什么"和"为什么"的问题；正确做事是解决战术的问题，即解决"怎么做""怎么说"的问题，所以不能用战术上的勤奋掩饰战略上的懒惰。

现在的投资界经常提及是否为同一赛道的问题。对他们来说，赛道就是选择的问题。在正确的时间进到正确赛道十分重要，如果你选错了方向，就相当于选错了赛道。努力是在一个赛道上的速度和加速度，在这个赢者通吃的时代，速度的确是关键因素，但如果在错误的赛道上行驶，速度快的结果只能是死得快。

从失败中学习还是从成功中学习，是学习的两种不同方式。现在越来越多的人在创业或日常经营公司的过程中说："这里面有很多坑。"那么，究竟"坑"是什么呢？在我看来，"坑"就是商业认知的盲点和错误，而在商业认知中"知"的盲点和错误将最终导致"行"的错误和小失败。小失败也会造成巨大的后果和影响。其实掉坑是陷入了一个由未曾意识到的错误认知引发的后果中。掉坑是有代价的：小的坑会浪费你的时间和经费；大的坑会导致时机的错过和企业的彻底失败。

在团购和外卖掀起大战时，基本上战斗中的很多公司都不知道活下来的充分条件是什么。即便是坚持到最后的胜利者也不是从一开始就知道正确的道路，而是有意或无意地躲过了各种各样的"坑"，其他领域的创业也是如此。于是经常会看到这样的场景：创业者在总结"坑"、产品经理在分析"坑"、运营经理也在研究"坑"。一时间关于"坑"的解读成为一种时尚，是否能躲过"坑"成为一个商业项目成功的前提。

那么，为何在这个时代"坑"这么值得研究呢？这是因为互联网、大数据、云计算、人工智能、现代物流等极大地改变了商业环境。基本上很多商业机会都是靠创新驱动的，而不是由机会、资源、关系等驱动的。这就意味着以前的成功经验不能直接拿过来指导下一次成功，如果非要借鉴，其效果就如同刻舟求剑一般。此外，这个趋势也不可逆转，在没有经验可直接借鉴的时代，成功只能是在对方向大致判断清楚之后对试错速度和试错成本的比拼，因此躲坑是最重要的策略。若企业拥有主动的躲坑能力，即正确商业认知的能力，终将拥有独特的价值。

06
为什么有醍醐灌顶、茅塞顿开之感

其实每个人在一生中都有一次或多次醍醐灌顶或者茅塞顿开的感觉，前者通常是由别人开导实现的，后者可能是由自己悟出来的。

经常听到有人说："听君一席话，胜读十年书。"对于某一个商业问题，即便读了十年书可能手里还是一个不结实的凳子，如铁饼、蒲公英、双柄锅等，或者是我们手里的多个凳子之间不能很好地支撑关联，无法成为一个有机的整体。

所谓的醍醐灌顶，就是在他人的帮助或指导下，突然间完成了商业认知小凳子的修补，又上了一个新凳子。自此自己的整个凳子及凳子背后的那些凳子将变得结实、完整、系统，或者是找到了自己缺失已久，但迫切需要的那个凳子，这时就会有醍醐灌顶之感。

有时候，凳子之间的修补是由自己完成的。虽然没有经过别人指点，但是因为一些偶然因素，或在某些场合得到启发，于是对一个问题拥有自己的回答。比如，德国有机化学家凯库勒之所以能够发现苯环结构主要来自于一个梦：一天夜晚，他在书房中打起了瞌睡，脑海中出现了旋转的碳原子。碳原子的长链像蛇一样盘绕卷曲，忽见一条蛇抓住了自己的尾巴不停旋转。他像触电般地惊醒过来，并整理出苯的环状结构。在梦中解决了小凳子的第三条腿，从而产生茅塞顿开的感觉。

上凳子不是一件容易的事情，能帮我们在短时间内达到这种效果的人通常对凳子及凳子背后的很多凳子拥有深刻认知，或者对我们实际掌握的凳子非常了解。他们非常值得我们尊重。

在评价一篇文章或一个演讲时，我们经常说没有干货或者太干了。那到底什么是干货呢？怎样的内容才算干货呢？在我看来，如果用凳子原理来解释的话，那么干货就是对小凳子的修复、打造有帮助的见解和认知。

每个人都有自己特别关注的小凳子，可能每个人都对自己已有的凳子拥有不同认知，而这种认知含有独到的、先进的、深刻的成分，更含有违和的不一致性，这种不同皆体现在凳子面和腿中。若能借助文章或者演讲完成对凳子的升级，那么对这样的认知就会有一种干货的感觉。

- 有的干货是对凳子面更深入的理解。比如，在很多"牛人"的演讲中，包括对管理、产品、客户的认知或定义，因其深刻并独到，且这些概念也是我们每天都会遇到的，所以很容易引发关注和共鸣。比如，营销学家科特勒所说："营销，就是价格以产品为载体卖出去。"

- 有的干货是对凳子第一条腿的深入解释。比如，华人著名经济学家陈志武教授说："金融的本质是价值的跨时空交换。"为什么呢？陈志武教授解释说："在美国人的观念里，没有'养儿防老'一说。美国人用社会公共福利解决了养老的经济问题，于是对孩子的重视程度就有了新的变化。"

- 因为在日常生活中大家总认为自己最典型的残缺凳子是第二条腿不够结实或不够长，从而造成目标难以达到，所以关于"怎么做"，即凳子第二条腿的干货也是大家非常期待的，甚至有时候这种期待是非理性的。这一点从热搜词就可以看出来：三天学会炒股、一个月减肥20斤等。

- 有的时候干货是对别人在第三条腿上的创新引发的赞叹，即对一件事"怎么说"方面的创新。TED是一个干货聚集的场所，主要是因为大多数的TED演讲嘉宾都是"怎么说"方面的高手，在18分钟内可以将一个概念（即一个凳子）的部分或全部讲述清楚，让听众感觉干货满满。

07
为什么出现鸡同鸭讲 /

所谓商业沟通，其实就是沟通双方对同一个凳子的认知在交流中达成共识的过程。大家都有自己的凳子，或者大家都拥有对同一凳子的组成部分。但是怀抱着自己的那部分凳子是无法上对方的凳子的，或者是无法一起完成商业概念更新的（搭建新凳子）。

比如，工程师了解代码和算法，是知道"怎么做"的人，即拥有一条凳子腿；而产品经理知道需求，即知道"是什么"和"为什么"。若二者单独行动，则无法完成一个产品，更何况有的时候，双方对部分凳子还有质疑。为了让最终的产品成为一个完整的凳子并能充分满足客户需求，工程师和产品经理必须坐下来进行交流。但如果工程师只用自己的技术语言解释应该怎么做，而产品经理只用市场或客户的语言来强调需求的合理性，其结果就是鸡同鸭讲。鸡同鸭讲有两种可能：一种是沟通的双方都忽略了需要在对方已有的凳子基础上让对方理解自己在说什么，继而把对方带到自己的凳子上来；另一种可能是两个人讲的根本就是不同的凳子，或者是同一个凳子的不同位置，这种情况十分常见。

因此，本书在讲凳子模型时，一方面是给大家一个意识，即在面对一个商业问题时，自己应有意识地用凳子模型思考自己和他人的认知，也要用凳子模型来组织自己的语言；另一方面，需要用凳子模型理解你的沟通对象，他的语言和行为都能透露出他在说什么凳子，以及与你讲的是否为同一个凳子。如果对方说得有道理，是不是应该放下自己的凳子转去看对方的凳子呢？如果对方说得没道理，那我们怎样才能借助他已有的凳子将其带到自己的凳子上呢？

最后一点很重要，这是能把你的思想卖出去的唯一方式。这就要求大家在平时多做功课，包括对专业术语有清晰了解，在关键时候这些积累可以帮你带别人上凳子。

08
为什么教是最好的学习方式 /

大家一定很好奇，自己对一个概念的认知，到达什么程度才能算是基本到位，或者说有了完整结实的小凳子呢？我把认知程度总结为四个阶段：点头、摇头、笔头、口头，即"四头理论"。

"点头"是一种认知阶段的表现。"点头"意味着基本听懂或部分理解了他人所讲的内容，认为别人讲的内容有道理。这时候基本上是直接甚至盲目地接受了别人的凳子面，但因为没有能力鉴别对方的凳子，所以既没有基于别人的凳子形成自己的凳子，也没有完全站到对方的凳子上。

"摇头"是指能辩证性地思考问题，能发出合理的质疑甚至有挑战的欲望。这是认知能力在第二个层次的表现。基于这个进步，再往前走就有可能打造出自己的凳子，或者是登上别人的凳子。但因为仍存在这样或那样的质疑，所以这个凳子还不算结实和完整。

"笔头"是指开始总结自己的凳子，并准备把别人带到自己的凳子上，即能把自己的观点用文字整理出来，准备让他人点头或者能够接受别人的质疑，这是第三层级的挑战。很多人不善于写作的主要原因是难以形成自己的凳子，即很难形成一种体系化、逻辑严谨的观点，或者若想用自己的观点说服别人还有一定的困难。

"口头"是指能够在有限的时间内把自己的思想和观点表达出来，并让别人认可或产生影响，且能实时地处理各种反对意见。这其实是认知的最高层次，即第四层级。在有限的时间内，根据听众的凳子水平，把他们带到自己的凳子上来，或者至少让其接受自己的凳子，这是一个很难的工作，原因有以下三点：第一，因为听众人数众多，大家的理解基础并不一致；第二，时间有限，故能表达的内容也有限；第三，质疑的问题不好预期。这也是为什么美国人把现场演讲和死亡称为最害怕的事儿，足见"口头"的挑战难度是非常大的。

基本上"点头"和"摇头"是学的过程，也是被动接受别人意见的过程，还没拥有将其他人带上自己凳子的能力；"笔头"和"口头"是教的过程，也是认知的更高层次，已拥有把他人带到自己凳子上的能力。因此，若能以教为目标进行认知训练最有可能让自己学得更多、更快。从这一点上看，若是为了自己的学习成长，"好为人师"并不是一件坏事。

第四章

承载更大的价值和意义

01
如何升级商业认知 /

商业认知的主体是广义的商人，商业认知的客体（对象）可能是现象、规律或者概念。比如，商业认知的客体可能是一个企业的领导对市场、客户、需求、产品机会的判断，也可能是一个员工对自己角色、工作业务的理解和认知。

公司需要凳子来获得商业上的成功，个人需要凳子来获得职业或商业上的成功，于是公司招聘人就是找凳子；新人应该是具备了基本凳子或拥有建造凳子能力的人；公司的组织建设就是对集体凳子的盘点、规划和打造。遗憾的是很多大学生和职场新人都不知道自己是一个"商人"，即将进入一个"凳子市场"，所以不知道需要先准备好哪些凳子，即如何建立和完善自己的凳子体系。这就像战士没带武器便上了战场，并且也没有意识到应在战场上寻找可以御敌防身的新工具，于是苦苦地在职场中挣扎或者让彻底失败成了必然。

这一章我们就来一起回答凳子升级的四个问题，即商业认知升级"是什么""为什么""怎么说""怎么做"。

所谓商业认知升级就是建立、修正和完善自己对特定商业现象、概念、规律的认知过程，若利用我们的凳子模型翻译一下就是打造新的凳子或修补旧凳子的过程。这些凳子可能是我们以前完全没有的，但是十分重要，需要我们尽快补充的，也可能是我们已经有的，但由于历史原因，这些凳子不再是完整、结实的凳子，而成为了铁饼、蒲公英或小蘑菇类的残缺形态。这时我们要么自助，要么借助别人的帮助来修复凳子或重建凳子。

有了这些完整、准确、必要的凳子，才有可能在一些看似熟悉实则没有找到窍门的领域，站到更高的凳子上去，并找到新的实现方法、更好的沟通方式，从而在更高的层次上实现我们的认知，以及获得好的行动结果，达成更高的目标。

比如，有些中小企业在不知道搜索营销是什么的情况下，仅仅是听说过而已，甚至是道听途说了一些不好的传言，就开始人云亦云，对竞价排名深恶痛绝。这时候，大家掌握的搜索营销概念仅仅是蘑菇或蒲公英，无法利用搜索营销来实现我们的目标。如果我们抛开偏见，认真研究、观察搜索营销在各行业中所起的作用，就能十分清楚下一步应该怎么做了：除了老老实实学习搜索营销，没有其他的办法。

在认真学习和了解搜索营销"是什么""为什么""怎么做""怎么说"

的概念之后，我们就拥有了一个关于搜索营销的小凳子。这个小凳子不仅包括流量，还包括熟流量等概念。基于这些，我们不仅可以将每天在搜索引擎上正在发生的数以万计的熟流量变为自己的流量，而且还能触类旁通，按照相同的逻辑和理念寻找在微博和微信中的流量，从而为我们的业务发展服务，甚至我们在发现了流量的奥秘后可以自己创建公众号，成为一个小的流量入口。这些都是商业认知在一步步升级后取得的丰硕成果。

马化腾对腾讯这个凳子，即腾讯"是什么""为什么""怎么说""怎么做"的认知也在不断升级中。当然，在互联网与传统产业的关系方面，马化腾拥有自己独特的小凳子。"实用级大模型"就是腾讯提出的新概念，也是一个新凳子。

在商业生活中，不仅新的商业概念不断涌现，而且需要我们重新理解、认知的商业概念也非常多，这就意味着我们需要持续不断地打造很多凳子。

大家都知道，在数学、物理、化学的课堂学习中概念是非常重要的。只有概念懂了，才能取得好的成绩。并且，学习是一个连续的过程，若中间的概念缺失或产生误解就会给后期的学习和实践带来障碍。

我在百度公司工作时，一个朋友曾经有创业的想法，拜托我帮他去请教我的老板他的创业想法是否可行。我的老板应该是中国对流量拥有最深认知的人之一，他的第一个问题就是没有流量这个生意怎么做？那么，流量到底是什么呢？为什么如此重要？随后我做了很多思考，最终发现，其实流量对企业来说就是需求，是被汇聚在同一时间、同一地点的潜在需求。

大多数的创业公司都从产能出发，在产能建立之后才发现寻找需求成交是一个既费时又费力，最终费钱的事情。为什么呢？这是因为需求可以在任何时间、任何地点由任何人发起，是散碎的。找到这些需求，并获得信任且能成交，至此寻找的成本可能大于客户带来的毛利。如果有人能持续利用合适的成本提供规模化的潜在需求，那么对任何想获得新客户的企业而言都是有价值的，换句话说，流量就是企业的刚需。

这个认知让我打造出流量的小凳子，之后所有的其他商业现象都变得容易解释了。通过这个凳子，我提出了熟流量和生流量、肥流量和瘦流量、男流量和女流量、精流量和傻流量等一系列延伸概念。

几乎所有看过电影《智取威虎山》的人都对杨子荣和座山雕，以及其他匪徒之间的黑话印象深刻。特别是那句"天王盖地虎，宝塔镇河妖"，几乎人人会背。在杨子荣获得土匪信任，并成功打入土匪内部的过程中，他所掌握的黑话起到了至关重要的作用。不难看出，黑话有提升沟通效率和身份识别两个作用。

现在，虽然没有使用黑话的机会了，但术语成了新的黑话。几乎每个人都会遇到类似的情况，即对方明明在说汉语或英语，但你一句也听不懂。这是因为在内行的对话中夹杂了很多术语。对于外行而言，内行之间的术语和黑话的效果类似。

比如，研究法律的人总会讲到一些术语：法益侵害性、罪刑法定、罪的明确、刑的明确等；在乒乓球运动中，内行会经常讲到一些术语：摆短、弹拨、推挡、撕、搓等；互联网营销人员经常讲到一些术语：CPM、CPC、CPS等。

那么，术语的本质是什么呢？如果用凳子模型进行分析，那么术语就是一个在业内达成共识的认知主体，即共知的小凳子。比如，乒乓球运动中的摆短、弹拨、推挡、撕、搓等是所有乒乓球队员都了解的，队员很清楚每个动作"是什么""为什么""怎么做""怎么说"，至少简单说出个子丑寅卯来还是没问题的。

很多商业概念的准确认知会成为下一个概念认知的凳子，这个概念会用另一个词语呈现，如英语缩写，这些词语就被称为术语。业内人士的沟通就像是两个拥有高凳子的人在对话，有时候，为了照顾一个低凳子的人（如客户）需要花费额外的心血和时间来把他带到高凳子上来。在外行人看来，这些用词是"不说人话"，那么，术语是为了制造沟通的困难吗？恰恰相反，虽然从客观上讲的确有一定身份识别的作用，但是术语的产生恰恰是为了提高内行之间的沟通效率。比如，在一场激烈的乒乓球比赛现场，你永远不会听到教练像罗振宇在节目中说的那样："你回球力量要轻，使得球恰当地越过球网，而且在碰击桌面之后仍然能够不弹到桌面范围以外，以免对方能够进行抢先攻击……"

术语作为凳子面的另一个好处是可以借助背后的凳子作为有共识的中间成果，加上不断地继承和发展，最终有效支撑一个行业的概念大厦，即一个行业内的所有认知都是由一个个完整、结实凳子有机组合、相互支持的结果。比如，微积分的应用题解答就是微积分这个小凳子的场景化使用，可能会使用到很多代数、几何学的概念。在这些概念背后仍是小凳子。

所以，学习和了解一个行业的术语，是从菜鸟走向专业的必经之路。

02

这个时代的竞争本质 /

好的商业组织都是在无中生有，无中生有的能力就是不断修凳子和打造新凳子的能力，即三次创造的能力。打败阿里巴巴的不会是另一个电商平台；打败腾讯的不会是另一个社交工具；打败百度的不会是另一个搜索引擎。只有因创新产生的新物种才是打败之前巨无霸的赢家。

从概念上讲，企业是一个凳子，需要解答好企业自身"是什么""为什么""怎么做""怎么说"的问题。但从实现的角度讲，企业是一摞凳子，涉及的每个概念（凳子）又都需要其他概念（凳子）的支持。每个部门或员工都在贡献一个小凳子或多个小凳子，或者贡献一个凳子的某一部分，一起撑起企业的大凳子。人力资源的作用就是在不断地选、育、用、留凳子。组织的发展和变革就是凳子阵形的建设和变化。

和企业相似，每个人的发展也是对凳子的积累和比拼。比如，乔布斯个人就是对苹果手机"是什么""为什么""怎么做""怎么说"掌握最好的人，同时也是很罕见的拥有计算机技术和美学小凳子的人。

一些能持续打造出不可思议的好凳子的人还拥有一种特殊能力：现实扭曲立场，即他们有能力做到理论上根本做不到的事情。其实，每一个结实凳子的凳子面和第一条腿，都高度依赖于凳子主人的目光和视野。有时候越是宏大、有价值、有意义的凳子面就越难找到第二条腿（怎么做）。但是因为凳子主人的强大信念，限制的理性因素竟然屈服了，结果不可思议地达成了。比如，乔布斯对一些产品性能的要求显然是当时的技术能力和供应链能力无法支持的。但每每遇到困难，总能克服，目标还是不可思议地达成了。

在我看来，这是强烈的信心和信任起到的自我实现的预言效应。所谓现实扭曲力场，实际上还是商业英雄对未来认知的一次次胜利，并让所有的执行方产生了巨大信心，继而释放出所有的潜能，造成即使对这个人提出的方案有所怀疑也会不留余地地执行。结果是潜力被充分挖掘出来并成为自我实现的预言大师。很多很好的梦想没有被实现，并不是梦想自身有问题，而是因为环境投射给"梦家子"的信心不够，造成最终失败。

人和人最根本的差异就是认知的差异。按照我们本书的概念，从静态的商业角度看，人和人在商业方面的差异是拥有的凳子数量和质量的差异。但是，商业世界不是一个静态的世界，而是一个快速发展的世界。特别是在互联网技术的推动下，新的概念会越来越多，新的凳子也会越来越多，所以人和人的认知差异不是一成不变的，快速的学习能力是人和人认知差距变化的驱动因素，即这种差距在于以多快的速度发现自己的凳子残缺或缺失、以多快的速度通过自学或向他人学习来建造新凳子。

张瑞敏对创业的理解："创业就是从悬崖上跳下，在落地之前组装好一架飞机，然后驾驶着飞机向新的方向飞去。"在创业初期，飞机并不存在也不在计划之中，从认知的角度讲，完全是一个预期外的新凳子。为了能够活下来，创业者需要在有限的时间内将其组装出来。组装飞机的过程就是在获得新的商业认知后的实践过程，因为有粉身碎骨的危险，所以这种认知极具紧迫性和目的性。拥有这种快速升级认知的能力正是优秀的创业者在严酷的竞争中胜出的原因。

在这个时代，我们能做的，不仅仅是凳子升级，更重要的是，我们需要积极主动地快速升级认知能力。只有这样，我们的目光和视野才能够因为不断垒起的凳子看得更远，走得也更加顺畅，才有可能从必然王国晋升到自由世界。所以，商业认知能力是这个时代最重要的能力。

生活中有这样一种现象：有些人很重视凳子，也快速获取了一些新凳子，但就是没有获得商业上的巨大成功，反倒是一些"不务正业"的人，在机会面前显得游刃有余。比如，乔布斯就是这样一个商人。

乔布斯被认为是计算机界与娱乐界的标志性人物，同时也被视为Macintosh 电脑、iPod、iTunes、iPad、iPhone 等知名数字产品的缔造者。这些风靡全球数亿人的电子产品，深刻改变了现代通信、娱乐乃至生活的方式。乔布斯把自己的成功归功于将"生命中的点点滴滴串连起来"。乔布斯引用了他辍学的经历进行说明。原来乔布斯在 Reed 大学读了六个月之后便退学了。退学后的乔布斯了解到了 sans-serif 和 serif 字体，学会了怎样在不同的字母组合中改变空格的长度，以及怎样才能设计出最棒的印刷样式。乔布斯说："那是一种科学永远不能捕捉到的、美丽的、真实的艺术，我发现那实在是太美妙了。当时看起来这些东西在我的生命中好像没有什么实际应用的可能，但在设计第一台 Macintosh 电脑时机会来了，我把当时学到的全部都设计进了 Macintosh。那是第一台使用了漂亮的印刷字体的电脑，并因此获得了巨大的商业成功。"

其实，乔布斯通过学习美术字体形成了对美的认知和创造能力，继而产生了科学和美结合的想法。美术字体的学习是乔布斯职业生涯里重要的新凳子，这个凳子是开创苹果公司的起点。需要注意的是，乔布斯额外学习的东西都是凳子，而不是飞盘或蒲公英，即他们对这件事"是什么""为什么""怎么做""怎么说"都已经十分精通。比如，若乔布斯只是看了一些涉及美术字体的杂志，那结果一定不会是现在的格局。

大家经常提及的跨界，其实就是在重新定义一个行业，即创造一个新的凳子。而这样的三次创造，需要的不仅仅是一个领域的凳子，而是将多个领域的凳子垒起来，才有可能成就跨界的机会。所以，不管在修补凳子时是否有刻意和规划的成分，只要能够加以理解并刻意练习，将其打造成一个凳子，而不是飞盘，最终都将成为个人或公司发展的神来之笔。

03
行行都有自己的难题 /

　　无论是什么专业出身，在接触一些具体业务时都需要一个学习的过程，但是很多人对具体业务很轻视，这种轻视是成长的大敌。

　　月入三万的煎饼大妈让很多人心里不舒服，先不争议其收入和诚信之间有没有必然联系，仅仅是月入三万本身就值得研究。很多 985 高校的学生自嘲，说自己毕业后都没有大妈收入高，但是我们能感觉到这是一种带着优越感的自嘲。每个人都是一个商人，大家有没有设想过，如果换成我们去做煎饼是否能获得同样的收入。或者假设我们能付出和煎饼大妈一样的辛苦，仅做脑力和商业敏锐方面的比拼，是否能达到她的程度呢？

　　其实，天下根本没有简单的生意，煎饼大妈月入 3 万的生意也是一样。如果稍作分析就会发现，今天经营一个煎饼摊和经营一家公司的原理相同：需要知道很多信息，需要做对很多决策。光光是以下问题就会让我们头疼不已：摆摊地点是选择公司门口还是交通要道，选择在出站口好一些还是进站口好一些；招呼别人购买煎饼时，哪些人容易达成购买意愿（是年轻人还是年长的人，是男人还是女人）；在周围各种早餐品种竞争激烈时，除了煎饼以外，是否还需要添加一些豆浆、粥之类的附加产品；为了做好这些产品，每天几点钟起床、去哪里进货、找谁进货、几点钟收摊……

可能大家会说月入三万的煎饼大妈已经是地铁口小食店这个行业的状元了，其实我要告诉大家：正所谓"行行出状元"，其实每个行业都有凳子，以及拥有高凳子的人。甚至在每个行业都有特殊规律的凳子。在这个跨界的时代，若将这些凳子与其他凳子结合，将有可能开启一个新的机会。

那个在 2006 年就能给微软高管讲课的月收入 8000 元的出租车司机，以及把一个三平方米的小店做出上千万销售额、从三十多家米店脱颖而出的经营之神王永庆，都是在看似平凡没有机会创新的行业里开始了新的创造，并拥有了既高大又结实凳子的人。

"互联网＋传统企业"是很多自认为怀揣互联网凳子的人走向传统企业的巨大机会，但是很快发现，其实传统行业的凳子更高；也有一些传统行业的人身怀绝技，进入了互联网行业，最后的成功专属于那些拥有互联网和传统企业这两个凳子的公司或个人，这两个凳子会将其带到了一个新的高度。

正所谓"干一行爱一行"，我们每个人都是商人，行行都有自己的难题，行行都有高凳子。在行业里找到行业的凳子，以及认识掌握凳子的人，其实不仅是有价值的，而且也是有趣的。这是学习的过程，也是创造的过程。

04
工作即修行，谁能帮我们 /

如果说商业认知就是一个凳子，那么我们每个人都拥有自己的凳子，或多或少，或结实或略有残缺。其实认知升级就是不断修补旧凳子、打造新凳子或踩上一个新凳子的过程。只有通过对一个个概念、规律、现象更为深刻及准确的认知，并在认知的帮助下做出正确的决策，才能最终实现一个个具有挑战的目标或达成一项使命。

但是上一个高凳子或修一个旧凳子并不容易，特别是在原有的凳子低或不结实并且精力有限的情况下。这时候就需要主动或被动地借助一些外部资源来帮助我们上凳子或者修凳子。

书是帮助我们上凳子的常用工具。比如，若想了解商业认知升级，则市面上的大多数商业管理类图书都可以选择。如果再做一些细致观察就会发现，这些图书拥有一个共同特点，即侧重点都是"怎么做"的问题，甚至大部分畅销书是以"怎么做"命名的，如《三十天学炒股》等。

这是因为读者购买这类书时都是带着上凳子的目的来的，即着急需要"药"来治疗总没上凳子的"病"。大多数好的书在交代"怎么做"之前一定会介绍"是什么"和"为什么"的问题，就像大夫在治疗时会和病人解释一下病名、病理、药名和药理一般，而不是只开药就结束了。好书本身就是一个好凳子，不仅结构是一个凳子，即按照"是什么""为什么""怎么做""怎么说"来撰写，而且作者会假想出大多数读者当前拥有的凳子数量和高度，即读者的普遍理解能力和知识水准。之后在这个基础上通过深入浅出、通俗易懂的方式讲解自己的道理，帮助读者踩着现有的凳子站到新的凳子上去。越是把读者的凳子设想得比较低的书越难写，但也越有广泛的读者群。外国有很多"零基础入门书"卖得好就是这个道理。

如果说书是一种可以带我们上凳子的产品，那么从本质上看，老师提供的是一种帮助我们上凳子的服务。这就像我们需要在墙上打眼时可以选择去买个电钻并自己研究使用电钻打眼的方法，也可以找个师父带着电钻帮我们打眼。也就是说，老师是在一个领域已经熟练掌握高凳子的人。能不能因材施教，往往是评估一个老师是否优秀的标准。好老师能看清不同学生的凳子现状，在学生原有凳子的基础上帮学生修凳子或带到新的高凳子上去。值得注意的是，老师其实是一个广义的概念，在商业生活中，所有能给我们帮助和启发的人都是老师。比如，优秀的同事、经验丰富的上级，甚至是一个会经营、会算账的出租车司机，以及月入三万的煎饼大妈等。

课程是一种标准、规模化的现场助人上凳子的服务，也是通过一个人帮助多个人上凳子的方式。不管是大课、小课，还是视频课程都有这样的作用。其展示方式比书这个凳子更丰富、直观，也具一定的互动性。目前，越来越多的人提倡翻转课堂，这是一种创新，即课前学生先学习视频的授课内容，课堂上集中根据学生的反馈来解答问题，平衡了规模化和定制化的矛盾，是一个很有效的方法。

商学院是一种利用集中的时间帮助职场人士在较多领域系统性地上凳子的方式。很多人虽然在工作岗位中拼搏多年，但是没有能力运用市场的术语和市场人员沟通、通过 HR 的语言和 HR 专家沟通、运用财务的语言和财务专家沟通……即使在自己的本专业拥有很强的能力，仍将严重阻碍一个人向上发展的路径。在商学院的课程设置中有各种不同模块的课程，再加上案例教学和实习安排、同学之间的小组讨论等，集中解决了不同领域等的基本凳子问题，借助这些新学习的凳子，学员就有可能上到更高的层次。

在商学院中，同学之间的交流非常重要，一方面可以满足高质量的社交需求，另一方面，同学之间的交流也是在相互修补凳子，甚至比老师帮助学生修凳子还有效，因为同学之间的交流更加频繁和个性化，这种相互修补的机制不会随着毕业时间的到来而结束，同学之间的聚会还会帮助大家继续修补凳子。

　　现在一些在业内领先的企业开办了自己的商学院，针对的是特定行业有实战经验、有真实痛点的内部或外部学员。而师资全部来自于实战派的业内专家，即真正拥有凳子的人来帮学员上凳子，甚至在实际效果上比真正的综合类商学院更有优势。

　　需要强调的是，上凳子是每个人自己的事情，只有自己主动、积极地寻找上凳子的机会，才有可能上到新的凳子上去。最后是否能上凳子、多久才能上凳子，都与这些支持工具无关。工作即修行，很多有心人在自己的日常工作中就已将经验总结出来，支持的工具仅是起到辅助的作用，而不是全部。

认知升级的七项全能系统

知

商业认知不是一个局部问题，而是一个系统问题。因为新凳子在增加，老凳子又可能有缺陷，且环境一直处于变化中，只有拥有打造新凳子、修补旧凳子的能力，才有机会让自己站在一堆结实凳子之巅，找到新的方向和机会。

个人也好，组织也罢，都需要在这个飞速变化的时代发现机会和问题，并及时做出判断，有效进行目标设定和分解，从而一步步建立自己的凳子体系。七项全能系统（或称七项全能凳子模型）是我经过多年实践总结出来的方法。

所谓七项全能，就是以"信"为中心（代表信心和信任），之后周期性地、不断地进行"望、猜、要、给"循环："望"是指观察和收集环境、内部的变化；"猜"是指进行一些战略、战术方面的分析和判断；"要"的核心是目标设定和分解；"给"是指目标执行和目标交付。为了确保长期目标的有效达成，还要做好"学"和"建"："学"是指系统性地进行一些技能、知识、概念的重建或学习；"建"是指在制度、文化、作风、组织方面的建设。

七项全能凳子模型

01
"学"：比学历更重要的是学习力

世界上没有完美的组织，只有胸怀大志、追逐梦想、不断进步的组织，学习型组织就是这样的。如果用我们的凳子原理来解释，那么公司是由一摞凳子组成的大凳子，用来承载公司的使命和愿景。学习型组织就是先定义出一个能承载价值和意义的好凳子，再设法给它接上结实的腿。给公司的凳子接上腿的过程就是不断学习的过程。

1945 年，萨姆·沃尔顿创立第一家廉价商店时就提出目标：5 年内成为美国阿肯色州最好的、获利能力最强的杂货店。每过几年，他就制订下一个目标。1977 年的目标是 4 年内成为销售额达 10 亿美元的公司。这一系列目标最终成就了今天的沃尔玛。

畅销书《基业长青》中提到："高瞻远瞩的公司都有胆大包天的目标，这些公司都具有明确的、动人的、大胆的、挑战性的远大目标，并为之努力"。公司的领导者在完成了整个凳子面的定义后，开始动员更多人一起设法给这个大凳子接上结实的腿。当所有的腿都被造好时，大凳子也将支撑起期望的价值和意义。

个人成长也类似。当年软银在创业之初雇用到两名员工。由于公司简陋，创始人孙正义就站在凳子上给他们演讲，描述他的美好愿景，并非常认真地说他会取得巨大的成功，会名垂青史。结果第二天两名员工辞职了，因为他们觉得孙正义是"疯子"。成功后的孙正义在演讲中透露了自己取得巨大成功的秘诀。他说："99% 的人所走的路都是根据自己现有的资金、实力去做最可行的事，而他是反其道而行之，让梦想推动行为：先设定一个非常大的愿景，然后再决定要在多少时间内实现这个愿景；接下来将目标分解，并倒推回去，一直回推到今天。"

也许优秀的个人和组织一开始并没有想得那么深远，但会根据自己的发展不断修正自己的使命和愿景，即重新定义公司的凳子，进而根据这个新的凳子来添加、修补、打造能支持公司大凳子的小凳子，最终成为高瞻远瞩的公司或卓越的个人。

考虑到任何个人和组织面临的客户、环境、竞争都会出现变化，所以为了确保生存和发展，个人和组织的凳子也需要不断增加、淘汰和修正。作为公司，不仅要关注凳子数量和质量，还要关注凳子架构的变化。只有组织中的三类凳子相互协同，搭建出一个有机的随环境而变的架构，才能最终成就一个伟大的凳子。

正如畅销书《基业长青》所说："高瞻远瞩的公司都具有一个重要特点——造钟，而不是报时"。"造钟"就是建立一种机制，使得公司能依靠组织的力量在市场中生存与发展，而不必依靠某个人、产品或机会等偶然的东西。随着市场的进一步完善与规范，企业必须越来越依靠一个好的机制，包括好的组织结构、好的评价考核体系、好的战略管理等，这也是本章后面会讲到的"学和建"的核心。

在组织中打造凳子、修补凳子是一个学习过程。在学习型组织内部形成了动态修凳子、造凳子的氛围和机制，当然前提是公司能意识到自己的业务大凳子需要什么样的结构，以及需要哪些小凳子来支持。

学习型组织的表现不仅仅是不断学习、更新架构，还必须是集体学习。为什么要集体学习呢？首先，组织需要什么样的凳子结构，以及一个凳子是否需要修理或打造，大家都来参与讨论时会有很大帮助。因为在一个组织里，凳子是相互联系和相互支持的，所以如果关键的新凳子想在公司立得住，则需要多方验证和支持，广泛沟通和参与是必要的。其次，造凳子的过程不仅是学习的过程，也是宣传和沟通的过程，参与感会让大家形成共同的认知。集体学习的结果会将最终进入应用时的障碍降到最低。

02
"信"：放大资源和潜力，
把梦实现 /

对于人是因为先看见才相信还是因为先相信才看见的观点，不同的人有不同的看法。在阿里巴巴 18 岁年会上马云说："很多人因为看见而相信，只有很少的人因为相信而看见。"因为相信而看见的人就是能无中生有的创造者。

很多人都读过《人类简史》这本书，前文也引述过："智人之所以能战胜尼安德特人成为世界的主宰，最主要依靠的是虚构能力，即一种无中生有的能力。更重要的是，凭借这种无中生有的虚构能力得到了大家的信任"。

而到了商业领域，无中生有越来越多，并成为所有成功的来源：一些人因为一个从来没有存在过的愿景或使命联合起来；一些人因为一个从来没有出现过的产品而努力投入工作；一些人只看到几页 PPT 或者听到一些想法就敢把成百上千万的资金投进来……这都是无中生有在商业领域中的体现。

- 《战狼2》是无中生有的，在"信"吴京团队的前提下，作者、编剧、导演、演员、制片人共同投入，让这个电影成为产品并最终大卖。

- 《王者荣耀》也是无中生有的，在"信"的机制下，腾讯的产品、技术、运营一起让一个从来没有听说过的产品成为家喻户晓的产品。

- 小米手机也是无中生有的，在"信"的前提下，雷军获得巨额投资，吸引大量业内高手，产品研发人员通力合作，最终完成了产品上市，并被客户接受，雷军也成为点石成金的投资家。

在以上成功团队的创造和发展过程中涉及的相关方很多，需要获得多方的信任，如资本、员工、客户等。这也是为什么很多公司在自己的价值观中都要明确说明这三者之间的关系。

- 资本的支持是必要的，商业计划书是企业梦想的种子。在种子发芽、成长、扎根的过程中需要阳光雨露的滋润。资本就是种子成长的阳光，能够获取公司投资人的信任是公司得到外部资源的前提。

- 客户或用户价值是企业实现商业价值的基础，但客户对服务者的选择既有时间成本也有机会成本，不是所有的交易都是完全可衡量的等价值的现货交易，或者说现场兑现两不相欠。客户或用户的信任是这些交易机会的前提。

- 员工是企业最重要的内部资源。如果优秀员工不愿意加入一个企业，那么公司将很难"长大"。而如果员工的每个行为都需要被管理者看见才能确保投入，那么管理成本早已经把公司压垮。信任是吸引员工、保证投入的基础。

创业者或企业家对自己的信任是施展才华、正常发挥的基础。创业是不断升级认知的不确定过程。无论是员工还是老板，都需要通过正向的循环让自己变得越来越强大。

褚时健可以东山再起、刘强东在公司经营出现危机之时获得今日资本的投资、史玉柱在最困难的时候还有员工不离不弃……在以上这些不可思议的背后都是信心和信任。"信"包括信心和信任，信心对事，信任对人：信心意味着投入、选择、坚持；信任意味着授权、支持、敢于冒险、放心托付。

领导学大师西蒙·斯涅克主张一切差异从"为什么"开始。因为在回答"为什么"这个问题时的差异会导致人们信任程度的差异，即一定要言行一致。可察其言、观其行，如果言行高度一致，才能真正相信。

信心和信任可以一起把资源和潜力放大，把梦实现：有了资本，可以做更大的生意；有了消费者的信任和信心，客户的重购率会对企业有利，他们也愿意推荐新客户让企业的收入倍增；有了员工的信任，企业的管理成本就能大幅度降低。一个拥有"信"的公司，实际上是运营效率最高的公司。士气就是一个公司内部的员工因为共同的信任和信心产生的情绪状态，我们经常说要提升员工的士气，其实这也是管理者需要努力维护好的。

因此，一个组织或企业的重点在于以"信"为核心的经营上。一旦形成信任和信心的强化机制和循环，企业就进入了正向循环。而这一切都基于起初的正确认知和判断，以及在这些认知判断上的行为循环。"望、猜、要、给"循环不断加速，信心不断循环，恐怕此时一个公司想不成功都难。

"信"的力量到底有多大呢？相信大家都会有这样一个感受：相同的话或道理，由不同的人讲出来，其效果可能是截然不同的。有的人人微言轻，有的人说什么别人都信，甚至像乔布斯这样的人还有很强的现实扭曲立场效应，原因究竟是什么呢？

- 第一，商业的成功源于正确的商业认知。
- 第二，通过讲一段话让别人听懂、理解、接受并产生后续的行动，是带人上凳子的能力体现。
- 第三，曾取得多次成功的人其实已经完成了多次"望、猜、要、给"的正向循环，这些光环让别人对他本人的信心大幅度提升。

在这个一起靠协作无中生有的时代，"信"是一切商业活动的起点和依归，我们应该在商业和职场中不断积累自己的信誉。

03
"要"：设定并分解目标 /

很多公司为了保证目标的达成，导入了绩效考核的机制。但在这一过程中出现了很多问题。比如，有时看似每个人的小目标都完成了，但公司的总目标没有达成；有时公司的阶段目标都达成了，但公司距离总目标却越来越远。还有一种常见现象，即你要什么我给什么，其余的全不管，甚至会在不顾其他因素和原则的情况下给你想要的。比如，你的要求是在地面上烫出一个洞时罚款 30 元，以此类推烫三个洞时必须交 90 元。那好，我把三个洞连成一片变成一个大洞，交 30 元罚款可以吗？这就是"人神共愤"的 KPI 陷阱。由此又产生了很多矛盾：下级觉得上级不讲理、不懂实际情况、不了解竞争的现实；上级觉得下级没有全局观、不愿承担责任、不主动、不配合。

在绩效管理的背后是对"要"和"给"的理解：如果把领导要求下属做到的绩效目标过程称之为"要"，那么员工得到目标后不断努力的过程就是"给"。其实员工也会向管理者"要"，如要资源、要支持、要政策；管理者也会向员工"给"，如给支持、给指导、给帮助等。看起来这种明确化、数量化、契约化的考核是科学的、严谨的，但上面的例子告诉我们，如果这个过程不系统、不完善、不严谨，就会导致出现很多问题。

在这里我们结合凳子模型和七项全能模型做一个解释：在商业上，我们的行动始于一个梦想，是追着愿景和使命去的；在实际操作中是从定义一个公司的"是什么""为什么"开始思考的；在运营过程中，将以一定的节奏，为公司这个凳子找到"怎么做"的第二条腿，并在这个过程中完善第三条腿。这就是多人在一起打造一个凳子的过程。在一个需要多人甚至多个部门协作的公司，每个人或每个部门都需要做不同的工作。有很多个小凳子才能打造出一个大凳子。这时，阶段性的目标设定和分解就是必须进行的工作了。

需要注意的是，在找出第二条腿，即"怎么做"这一答案的过程中，最重要的是寻找充分条件，即在设定目标和分解目标时一定要以支持公司愿景和使命的实现为前提，因此在目标设定的过程中要设立延展目标。延展目标不是目的，它可以满足充分条件，实现凳子面上承载的意义和目的。

商业认知的完成，其实就是以一个有价值的商业目标实现并找到充分条件为标志的。比如，滴滴在创业阶段设定目标时，一定不能以收入为目标，而是要以市场份额为目标。这是因为出行领域的早期竞争激烈，赢者通吃效应很强，在成为流量入口之前的任何收入都没有实际意义。

对应在七项全能模型中，"要"就是我们常说的目标设定和目标分解，是一个关键环节。因此，在"要"之前，需要对公司业务的小凳子有深刻、准确的认知。在这个基础上，"要"的过程是在寻找小凳子能立得住的充分条件，而不是必要条件，也就是把这些要素按照职能分配。只有猜得准，才能要得对，要得准。

04

"望"和"猜"：低头拉车和抬头看路 /

在这个时代，组织和个人在发现新凳子、找到瘸凳子、打造新凳子、修好旧凳子方面的能力极其重要，且达到了前所未有的重要程度。

- "看不见、看不起、看不懂、跟不上"是这个时代十分常见的现象。每天都在不停地工作，结果却出了大问题。什么地方出错了？错在"望"和"猜"的环节。

- 灭了你却和你无关，什么地方出错了？错在"望"的环节，即没有看到其他领域的竞争者。

- 不理解为什么羊毛出在猪身上，是因为"望"的环节没有完善，仅看到了现象，却没有看到本质。

把"要"和"给"理解为工作的全部，并压上所有的精力和资源，是工作中的常见误区。无论是老板还是员工，很多人已经受到这种机械思维的伤害。那么，如何避免这样的情况呢？做好"望"和"猜"即可。

"望"是对环境和相关方的主动观察，从而有机会发现新的问题和机会，并对其进行下一步判断，最终使其有可能成为公司的新目标和新方向。为什么"望"成了这个时代的特征呢？因为承载愿景、使命、梦想的组织凳子需要一定的时间才能完成，也需要不断地试错才能打造成功，但是这个凳子所处的环境一直在发生着变化，如果不对这样的变化敏感，那么很多影响凳子的因素将得不到重视。其结果要么是惨遭失败，要么就是错失良机。

在信息科学历史上，最伟大的一次"望"是英特尔总裁安迪·葛洛夫到日本的一次访问。1984 年，葛洛夫带着他的同事去日本访问。访问后，他对同事们说："你们有没有注意到这次日本人对我们不像以前那么有礼貌了，比如，鞠躬的深度不似从前了。"有的同事说没有察觉出来，觉得日本人在接待时周到热情。但葛洛夫觉得："不对，一定有问题！"

后来葛洛夫查阅了很多资料，发现日本人在存储芯片产业方面的业务增长曲线与日本汽车赶超美国汽车的曲线非常相似，因此他得出一个结论——英特尔很可能在这个行业里，被日本人远远地甩在后面，即日本人已经完全掌握了存储芯片的"小凳子"，因此日本不再像以前那样对英特尔毕恭毕敬了。事实证明他的判断是非常正确的。

这次"望"导致了葛洛夫后面的"猜"，于是葛洛夫进行了战略判断，他相信日本人有了这个小凳子后会在存储芯片上重演汽车行业的故事，即用更高质量、更低成本的产品快速占领市场。而"猜"的结果让葛洛夫做出了正确的"要"的决定：放弃存储芯片，主攻微处理器芯片的方向。这个决定彻底挽救了英特尔，并让其再次走向了辉煌。

虽然葛洛夫的"望"有偶然因素，也有他不拘于现有优势的习惯，但的确促成了英特尔的巨大成功。今天我们所处的时代及行业，变化的速度远超当时的芯片行业，所以主动"望"、积极"望"是个必然的选择。

个人成长和公司成长相似，也需要不断地"望"，很多看似不相关的事物实际上都是相关的。每天要为自己设立目标，并在每天晚上检验结果。这一过程其实是自己对自己的"要"，以及自己的"给"。这种"要"和"给"需要以增加信任和信心为核心目标，且在"望"和"猜"的基础上"要"。只有这样才能有机会抓住重点，找到属于自己的方向。

05
"给"：不要戒口，
只看交付结果

虽然我们强调所有经营的核心是"信"，并强调"望""猜""要"的重要性，但不能否认的是，"给"在这个循环中拥有特殊的重要性，并且是建立信任的最关键环节。太多的"望""猜"仅流于思考，没有付诸行动，或者没有持续地付诸行动，从而浪费了很多很好的想法。

如果搜索引擎领域出现新的技术，而且早期的商业模式还不清晰，那么这不是一般人能把握的机会，即便没有付诸行动也算情理之中。但是沿着类似的商业逻辑产生的新机会，如团购、网约车平台、共享单车等是很多人能够想到的，为什么大多数人不敢去尝试？或者在大量投入之后，为什么只有几家公司笑到了最后呢？所以，在这一过程中"给"的方法和能力是不同团队的差异："给"的能力是一旦接受任务就一定要按照要求和期望交付，并且每次都不打折扣，无论条件多么多变和复杂；

"给"的方法可以调整，目标不会改变。每次都能交付结果、达成目标的组织是靠谱的组织，这样的人被称为靠谱的人。

总之，投资人在投资前已经参与了"望"和"猜"，甚至也参与了"要"。于是在投资后需要创业团队、管理团队能够真正做到交付，客户需要公司交付产品和服务，上级需要下级交付工作结果。

在这里需要特别强调两点：

- 第一，给得好不是孤立存在的，有时取决于要得好不好。只有要得好才能给得好。如果要错了、要窄了、要偏了，并且在短期或长期内没找到充分条件，那么这些错误就会在给的结果中显示出来。

- 第二，"给"不是终点，而是下一个"望、猜、要、给"循环的起点。虽然本次给得好与坏最终已成为现实，但是若能基于本次交付的结果进行复盘，并根据第一性原理总结出方法论，对上一轮"望、猜、要、给"进行分析总结，这将对后面的"望、猜、要、给"环节起到重要的启示作用。

06
"学"和"建"：
长期成长的本质

在进行任务交付的过程中，的确可以紧急修补、建立新的凳子，但总有一些凳子在短时间内难以修补好，需要提前进行准备。比如，财务知识、英语、运营方法、商业模式等。不仅如此，"望、猜、要、给、信"的循环工作机制本身也需要不断打造和改进。因此，有规划地学习和建设就变得十分重要。

"学"就是事先盘点已有的凳子并规划凳子，前瞻性地部署和建立一些小凳子：有的凳子可能会在未来用到，以便提升工作效率或效果；有的只是出于兴趣、爱好或机缘，不过只要是凳子就好。未来的商业是由各种凳子构成的，在无意中积累下的凳子或许会在特定场景中用到。

"望、猜、要、给"都是能力的施展，有些能力可以在工作中得到锻炼、提升，而有些只能通过系统化的学习获得。比如，沟通能力、任务分解能力等。

"建"是对组织体系能力的打造，如组织建设、文化建设等。缺人、缺机制、缺流程、缺规范、缺标准等都是需要"建"的范畴，组织里"望、猜、要、给、信"的循环机制也需要"建"来维护。

管人就是管凳子，但是管理凳子的方式也有两种：一种是"管手管脚"；另一种是"管脑管心"。

- 管手管脚：这时"建"就是对标准、流程、规范、绩效等制度的建设。在这些制度的约束及奖惩的引导下，基于对规范的敬畏、对利益的追求，员工会按照制度执行，并达成组织的目标。
- 管脑管心：这时"建"的工作就是对文化、氛围、士气的提升，如文化建设、价值观建设等。在尊重每个个体的基础上，通过潜移默化的影响，实现对心的影响、对脑的激励。

对个人来说，"学"和"建"也有类似的意义：对语言、沟通、社交能力的不断提升是"学"的范畴；对家庭氛围的维护、对社交关系的维护是"建"的环节。这些都对一个人的长期发展和成长极具意义。

总之，在知识经济时代，"学"和"建"是一个长期措施，必须持续进行。平时的积累越多，员工个人创造的价值就会越大。随着时间的推移，以脑和心为对象的建设和学习将会变得至关重要。

管理者认知的
应知应会

01
商业的核心是满足
需求并达成增量交易 /

在讲解业务认知凳子时，必须要以终为始，关于这一点，怎么强调都不过分。商业之"终"是什么呢？商业之"终"是交易，好的商业之"终"是增量的交易：有的增量交易是给自己带来新利润；有的增量交易是为别人带来新利润。但无论是哪一种，只要是有增量的交易，就是有价值、有机会分配利润的。所以，无论是个人还是组织，商业认知的目的，其实就是在提供价值、寻找增量交易的机会。

搜索引擎、社交网络、大数据、人工智能、区块链……所有这些新的技术、模式创新都是在带来了增量交易之后才获得了回报或奖励。换句话说，没有带来增量交易的任何模式或技术创新都是没有商业价值的。这也是为什么本节需要讲供需、商业模式、竞争模式的原因。只有清楚这些商业概念，才有可能找到增量模式。

具体到供需，很多人创业时是从供应能力出发的。但无论是从哪里出发，需求才是最重要的考虑因素。无论是互联网公司讲的用户第一，还是传统企业讲的客户至上，都是在说所有的经营和机会都围绕需求展开。真实的需求是实现交易、实现销售额、实现利润的基础。在这里，我们讨论两个凳子：一个是场景，另一个是流量。

产品要成为场景或场景的道具

需要说明的是，在本书的认知中，场景即需求：场景是特定人在特定时间、空间、情绪、氛围下的特定需求。换句话说，需求在场景中产生、在场景中表达、在场景中被满足。没有场景就没有需求，没有场景就没有交易。场景是需求的全集。

大多数的创业者是从某种能力出发开始创业的：会做饭、会理发、会画画……于是很多人认为如果能把这些能力卖出去就会赚很多钱。但是当大家把生意建立之后就会发现一个问题：寻找自己的客户是一件费时、费力、费钱的事情。有的时候，找到客户的成本甚至超过了利润。

在产能确定后，任何一个产品或服务的供应者都会马上体会到找客户的痛苦，因为客户的需求只在特定的时间、空间、情绪、氛围、场合下发起。比如，同样是在一家社区店里卖奶粉，有的用于做菜，有的用于自己喝，有的用于送给亲朋好友。我们把特定人在特定时间、空间、情绪、氛围下的需求定义为场景，就会有以下发现：

- 第一，客户需要的是服务而不是产品。
- 第二，场景是极其散碎的，散碎到找到它们所花的成本已经超过可能的利润。比如，一个小区有 1000 人，其中有 10 个孩子需要尿布，而这 10 个孩子发起尿布需求的时间、地点、原因、状况完全不同，是 10 个完全不同的场景，那么如何找到这些需求并将尿布销售出去就是最大的难题。

从这个角度看，商业的竞争实际上是场景能力的竞争，即比拼在不同时间、空间、情绪、氛围、场合下捕捉不同需求的能力。场景份额决定了销售份额，销售份额决定了市场份额。

举个例子：日本便利店 7–11 的所有努力都是为了能够在不断变化的需求中，捕捉到客户在各种场景下的需求：不同节日准备不同礼物；天气变化准备雨伞和衣服；把银行的提款机或者传真机都集中在小店内……

场景是指在一个新的条件下，人们假设的某个需求是否存在：我们说有场景，是指这个需求真实存在，可以成为支持商业的基础；我们说没场景，是指这个需求不是真实的需求。比如，吃辣火锅时，凉茶就是一个很好的场景，若是递上一块肥皂就会显得很奇怪；再比如，在厕所中看电脑，在没有智能手机之前不是真实的场景，只有极少数人会把台式机接到厕所里去上网、玩游戏。但是在智能手机出来后，这个场景就存在了。大家可以利用坐在马桶上的碎片时间上网。在有了真实需求后，通过做一款产品来满足这个场景就变得很有必要，如罗辑思维、今日头条等。你看，技术的升级不仅在改变场景，让一些不存在的场景存在了，也让一些原本捕捉不到的场景可以捕捉了。

这时候，若想将产品或服务销售出去，要么产品或服务本身就成为场景，要么成为场景的道具。所有"推"的媒体都出现经营困难，只有"拉"的媒体才有机会，即只有在场景中满足消费者因情绪表达、因人格认同需要的产品才有意义。

从场景角度来看，不能为场景服务的道具都是"骚扰"：所有的2C商家都犹如一个导演，演员犹如上帝，接触点犹如剧院，能否满足上帝的需求就看这出戏对情绪和人格认同的满意度；2B的生意是要看产品在这个大戏里做什么道具或角色合适，只有理解了导演的意思才会有角色机会。因此2B的生意需要努力成为一些2C生意的场景道具，2C的业务需要努力让自身成为一个场景。

没有场景就没有销售，也没有场景能力，更没有销售能力。场景份额就是销售份额，最终也会成为市场份额。终端是场景的子集，场景远大于终端，因此，讲终端为王并不准确，更应该是场景为王。

场景是商业的一个基础凳子。只有能够准确、深刻地理解了场景，上了这个凳子，才能理解很多商业概念和规律。因为通常情况下，产能都是集中的、标准的、可规模化的，而需求则是散碎的，所以商家从诞生的第一天开始，就开始了场景的捕捉比拼，建立稳定、持续的获取渠道场景是每个商家不得不考虑的事情。如果商家能够获取更多的场景、满足产能、降低成本，那么就有机会持续地获得增量交易及更多的利润。

流量是在时间或空间维度上的特殊场景

因为捕捉场景需要付出时间成本和经济成本，所以不是所有的场景都值得捕捉。只有一些特定场景，才值得商家捕捉。这时，流量的机会就来了。流量也是一种需求，是场景的一个子集，但是这种需求是被汇聚、被集中在了特定时间和特定空间。这种聚集对商业而言很有意义和价值，在聚集的地方找到自己客户的难度将大幅度降低。比如，在一个村子中虽然仅有 10% 的人会在晚餐中吃豆腐，但是显然豆腐是有场景的，不过很难在村里通过碰运气的方式找到需要豆腐的人。这时候，在村头小卖部里卖豆腐就是一个很好的选择。小卖部是一个流量入口，也是一个场景的聚集地，即把家里的需求场景聚集在小卖部了。

为了产生增量的交易，几乎所有的生意都需要流量支持。而有些特定的场合流量每天都在发生，可持续性、有保障地向商家提供，因此经营流量就是一种很好的生意，这种生意既不向最终用户收费，也不需要让纳税人买单。比如，在德国公共厕所不需要纳税人负担的情况下，竟然能做出一个上市公司来，其本质就是公共厕所被看成了流量入口来经营。

商业历史就是流量变迁的历史，流量的生意随着人流量的动向而变化。在早期人流量主要位于王府井、南京路、新街口时，商业地产就是最好的流量分发器，其逻辑是酒香也怕巷子深，巷子深浅的问题就是人流量大小的问题，流量大则房租高，即为流量买单的成本也高。

在流量开始分类时，专业的卖场开始成为流量分发的核心，比如，国美、苏宁集中了所有的家电需求；红星美凯龙等聚集了所有的家具需求；居然之家等聚集了装修需求；茶叶城聚集了购买茶叶的需求……所以，这时的首富大多来自于商业地产。

一直发展到媒体时代，人流量呈现虚拟化趋势。类似于电视机、报纸或杂志类的媒体成为人流量的分发者，新闻集团总裁、世界报业大亨默多克成为时代英雄。在这一现象的背后是 AIDMA 模型，即可以通过媒体影响消费者的关注、兴趣、欲望等，从而影响其购买行为，媒体就是规模化向消费者施加这种影响的载体。

当流量转移到互联网时，ICP 或搜索引擎就是流量汇聚和分发的主渠道，这时百度和谷歌就成为了新时代的英雄。在这一现象的背后是 AISAS 模型，即搜索和分享成为影响消费者行为的关键因素。

在我看来，PC 互联网就是流量互联网，其特征就是把流量分发器的 Nobody 变为自己的 Somebody，即自己的客户。大家都到流量拥有者那边购买流量，因此淘宝、京东这样的公司就有了长足的发展。

流量变现是互联网商业中最常见也是最成熟的商业模式。但是这种商业模式并不是新鲜事儿，古往今来这个生意一直存在，只是目前存在一些变化和创新而已。

02
做好实现增量价值的商业模式选择题

在搞清楚了需求和供给后，从哪里获取客户，以及怎样获取客户从而完成增量交易、实现增量利润就是要考虑的核心问题。在这一核心问题的背后依靠的是商业模式，因此理解商业模式是老板或者管理者的必修课。只有深谙商业模式之道，才能理解在每个生意背后商业模式的独特性和优劣势。

- 灭了你却和你无关：别人已经在利用服务满足客户需求，而你还在利用产品满足客户需求。服务对于消费者的价值优势已经非常明确，对方有稳定的"合利性"优势，因此灭了你也在情理之中。

- "羊毛"出在"猪"身上：别人是后向付费的业务，而你还停留在前向付费的阶段或思维习惯中。比如，凤凰古城还在向游客收取门票，而对比杭州西湖的免费，两座城市在旅游收入上的差异巨大。

正是由于商业模式的差异造成了商业结果的差异，因此，下面将和大家一起认知一些典型的商业模式。做好商业模式这一最基础也是最根本的选择题，就能在商业道路上取得事半功倍的效果。

流量入口还是流量购买者

流量是一种潜在需求，而流量变现是一种成熟的变现模式，这是因为流量的集中对于需要流量、需要场景的商家而言极具增量价值。流量越多，对于商家而言，成交的可能性越大。正是因为有价值，所以有人专做这个生意。为了便于大家理解，我们把这种模式称之为大剧场模式，而购买流量的商家，不得不陷入到激烈的竞争中，这个模式称为名角儿模式。

大剧场的生意，其实就是平台的生意，其典型特征是不做具体服务，但是按比例获得收入。比如，滴滴没有一辆自己的车，却是最大的租车公司；携程本身并没有自己的酒店，却成为中国市值最大的旅游公司。

名角儿的商业模式，顾名思义就是需要自己提供服务给客户，并且存在激烈的竞争，之所以能赚钱，是因为能在某个方面拥有特殊的竞争力，能给消费者带来价值。

所以，当大家准备开始做一个生意时，一定要考虑好是采用名角儿模式，还是采用大剧场模式。要知道，这两者提供的服务都有自己的稀缺性，针对的都是刚需，都是一个存在的生意。有很多业务，虽然看起来技术很先进，并且用户体验也不错，但是既成不了"大剧场"，也当不了"名角儿"，即没有商业模式，或者本来只能采用名角儿模式，非要采用大剧场模式，结果输得很惨。

只有需求符合高频、刚需、轻决策的场景，才有机会成为一个入口的生意，即大剧场模式。比如，搜索引擎，刚开始流行的是通用的搜索引擎，后来流行的是垂直的搜索引擎。在这两者背后都是每人每天 7 ～ 8 次的使用频次，以及在信息爆炸后快速、准确获取特定信息的刚需，更有由前几条搜索结果内容的准确性导致的轻决策，即不需要翻 10 页就能找到自己需要的内容。搜索引擎天生就是流量入口，并且因为用户是利用关键字进行搜索，所以搜索引擎知道用户需要什么。将这样的流量用关键字进行分类后，流量的深度变现就成为了大概率事件。

中国的团购网站也走了类似的发展路径。与团购鼻祖 Groupon 不同，中国的团购网站是多品牌和多品类运营的。于是，类似于美团这样的网站就成为了收录大多数优惠服务的搜索引擎，只满足用户对"多"和"惠"的需求即可，这是一个刚需。类似地，在移动互联网到来后，出行和外卖领域都有了高频、刚需、轻决策的特征，于是出现了滴滴和饿了么这样的平台也就不足为奇了。入口的机会是个大机会，仅有很窄的窗口时间，只能在短期内大量投入。能否培养客户的使用习惯，让其形成路径依赖，是这个模式成败的关键。

服务还是产品

商业上还有两个重要的凳子需要了解，即产品和服务。这是两种最终提交给用户或者客户，并获得收益的载体。公司的价值就是为客户不断提供满足其需要的产品或服务。

正如现代营销学之父菲利普·科特勒所说："顾客购买的不是钻头，而是墙上的洞。"但在现实生活中，如果需要在墙上打个洞，往往不得不购买钻头乃至电钻，或者接受"钻洞3厘米的标准服务"。之后需要自己在这个标准服务的基础上修修补补。

其实，满足这种需求的方式有两种："打洞"是用服务满足需求；而钻头或电钻是一种卖给客户实物产品的解决方案。大家可以看出，产品和服务是两种不同的解决客户问题的方案。

在这里我需要强调一下，消费者真正需要的是定制化服务，而不是标准化服务：需求是"今天下午四点在我家南侧阳台外，向上倾斜45度，打出一个1.23厘米的孔，并且不能破坏我原有的油漆"，而不是"规格A、下午四点"的服务。考虑到消费者的利益及服务者的利益，相互做了取舍，才会出现标准的产品或标准服务作为互相让步后的呈现方式，但这都不会成为满足客户需求的最佳解决方案。

因此，服务的个性化和定制化，以及规模化天生就是矛盾体，所有现存的商业模式都是对矛盾体的平衡解决方案。在理想的商业模式中，应既能规模化盈利，又能充分满足每一个用户的个性化需求。

产品有产品的特点，服务有服务的难度：

- 出租车公司就是用服务盈利；而福特车厂就是用产品盈利。这两种盈利方式都是好方式。

- 销售绿植是用产品满足需求；绿植租摆是用服务满足需求。

若是沿着通过提供产品的方式来满足需求，那么好处是能够标准化、规模化，但需要考虑制造、物流、仓储、库存、资金等问题。只有这些问题都被解决后才有机会盈利。大家需要对这些小凳子逐一学习并了解清楚。不仅要上凳子，还要拥有这些凳子。

若是沿着通过提供服务的方式来满足需求，那么需要对服务工厂、服务作坊、专业服务、大众服务、MOT、客户期望、服务运营、服务品质管理等一系列小凳子拥有深刻认知，才有机会建立一个有序、一致、高质量的服务体系，并最终盈利。

从企业或个人创业者的角度看，不管是把正在用服务满足客户需求的模式改为产品模式，还是把正在用产品满足用户需求的模式改为服务模式，都是商业模式的变迁，都可能蕴含着机会。虽然在这之中有很多可能的选择和考量，但终极挑战都是平衡好服务的定制化、个性化的需求，以及解决商业在规模化和盈利之间的矛盾。

熟客生意还是生客生意

很多人在上学时都做过类似的题目："有一水池注满水需要 5 小时，放光全部水需要 8 小时，若是同时注水和放水，则多长时间水池会满"？很多人开玩笑说："这不是浪费吗？若想把水池灌满，为什么会同时开着进水管和出水管？"

的确，这个模型没有现实的操作意义，没有谁会用这种方式灌水，但若用这个模型类比商业运营倒是十分贴切。几乎所有生意的运营都遵守水箱模型：水箱里的水就是留存的客户或用户，对于公司来说，水箱里的水当然是越多越好了。为了留存更多的客户或用户，公司需要打赢获得客户和留存客户的两场战役：获得客户是把外部需求（流量）转化为客户的过程；留存客户是提高已有客户的满意度或忠诚度，并持续消费的过程。

一般情况下，主要依赖发展新客户并获得收入和利润的生意称为生客生意，而主要依赖老客户盈利的业务称为熟客生意。有些生意天生就只能是生客生意，如婚庆业务、殡葬业务、成年人的英语口语培训（学会了就不会再来，坚持不下来的一般也不会再次消费）。在生客生意中，因为没有重复购买，高额获客成本的消化就是一个大问题，获客成本无法平摊到每个客户的多次消费中。这也是为什么这些交易的单次交易额都有增大趋势的原因。

而有些生意既可以成为生客生意，也可以成为熟客生意。比如，王永庆在开米店之前，一条街上的所有米店都是生客生意：按时开门、按时关门、迎来送往、不做记录，米店之间相安无事。但是王永庆却把米店生意做成了熟客生意：用自己的小本记录客户的信息和发薪日期，计算客户吃完米的时间，在吃完时送米，在发薪日收费。正是从生客生意向熟客生意变化时商业模式的创新，让王永庆在米店生意竞争中胜出。这种商业模式背后的经营哲学也带他走向了更大的成功。

生客生意天生需要在持续的潜在需求支撑下才能运转：在线上，流量是其运转的必需品，运营费是流量的购买成本，这也是为什么互联网媒体能有如此高的盈利能力和市值的原因；在线下，店铺租金是流量的购买成本。若能将生客生意做成熟客生意，减弱对外部流量的依赖，在降低获客成本的同时，收入规模还有不断增大的可能，相对优势就会十分明显了。

很多人都会纠结酒香到底怕不怕巷子深的问题。对于准备在巷子里经营的商家，巷子深浅的问题就是外部流量多寡的问题：浅巷子的外部流量多，而深巷子的外部流量少；酒香也怕巷子深的商业模式是指企业需要外部流量才能生存，酒香不怕巷子深的商业模式是指业务不依赖外部流量获取新客，而是通过客户连接的加强来吸引新客户。这就像一个水箱不漏水，或者少漏水，甚至已经进来的水还能生出更多的水来，那么这个水箱就很容易盛满水了。能否从生客生意转变为熟客生意取决于能否基于连接的数据获客，这也是为什么在移动互联网到来后，很多个人的生意得到快速发展的原因。

以最低的成本、最快的速度获得更多的客户，是销售和运营体系所追求的目标，而获客成本和重复购买就构成了这个目标最重要的运营模式。

2B 还是 2C

2004 年时我曾在国际救援中心 International SOS 工作过一段时间。当时这家公司的北京分公司有来自 16 个不同国家的员工，服务于几乎所有在中国旅游或工作的外国客户。

和很多人一样，刚开始我以为国际救援中心是一个非营利的组织或机构。后来发现这是一个非上市公司，且是盈利能力非常强的私人企业。其当时的主要业务是向来中国出差、旅游、学习的人提供医疗帮助，包括医疗转运、医疗救援、医疗诊所等。在实际业务中经常遇到的情况是客户在西藏出现病情后，国际救援中心租用一架飞机，将其接到北京或香港进行后续治疗。我所在的 ALARM CENTER（接警中心），其实就是做项目管理，对接客户、保险公司、雇主、医疗团队，以及目的地的医疗部门等。

虽然之前我对呼叫中心的业务非常熟悉，但是到了这里才发现接警中心的业务运营比较复杂，原因是接警中心是每个医疗援助案件的大脑，负责对每个案件做整体指挥和安排。而其中最大的挑战来自于多方的协调，即病人、保险公司、雇主等。核心原因是在很多医疗援助案件中，服务的使用者、决策者、付费者严重分离：有时候服务的使用者看似是病人，实则为家属；决策者看似是呼叫中心的医生，实则为目的地的医生，甚至是雇主；有时候付费者是保险公司，有时候是由雇主负担部分费用，或者全部由个人买单。所有这些都造成了在运营过程中考虑因素多、决策复杂的局面，不是一般呼叫中心能比拟的。

国际救援中心是一个较为极端也是典型的案例，一般的生意没有这么复杂，但这个案例也引出一个问题：作为一个商家，你做的是面向消费者的生意，还是面向另一个商家的生意。在我看来，这两个生意的本质不同。不同点在于使用者、决策者、买单者是否分离，即几个"屁股"、几个"脑袋"：如果是面向消费者（以下称为2C）的生意，那么在大多数情况下是三者合一，最起码是使用者和决策者二者合一，即一个"屁股"、一个"脑袋"；如果是面向商家（以下称为2B）的生意，那么通常情况下三者会分离，至少使用者和决策者是分离的。

说明：使用者和决策者分离的核心原因在于还有一些"2 小 b"的生意，即面向小企业甚至个人企业的生意，因为决策者的模式和习惯都和2C 相似，再加上没有谈价能力（Bargin Power），因此"小 b"类似于 C。

在教育、医疗等很多领域，即使使用者是普通消费者，但是因为买单的人或做决策的人有可能是政府、企业、家属，在业务运营时，需要按照 2B 的模式来做思考和设计。因为 2B 模式的多角色信息不对称，会被唯利是图的人利用，因此教育行业会限制营利性企业进入，或有很重的政府管制痕迹，就是这个原因。

正是因为有了以上差异，从而造成了两种生意应采取完全不同的做法。

- 如果是 2C 模式，那么商家就像导演，以观众（消费者）的满意度为追求目标，需要设计或迭代场景。若能比竞争对手做得好就能赢得胜利。

- 如果是 2B 模式，那么很可能你和客户之间的关系会有点复杂，就像工作人员需要同时对电影导演和观众负责：首先要以导演满意为导向，再兼顾观众的满意度，认真分析导演的需求，力争做好道具、演员、剧务等工作。当然你也可以通过让观众喜欢你，反过来让导演请你做主角的方式令你的生意变成 2C 模式。

目前，新的趋势是 2B 的生意在向 2C 转变。在这之中有机会的诱惑（比如，很多人认为当导演比当道具或剧务好，于是争先恐后地去当导演），也有被去中心化、去中介化的情况。互联网让渠道变短，让消费者更近、更便利，因此原来很多 2B 的机会已经不存在了。

总之，2B 有 2B 的玩法，2C 有 2C 的难处，两者有本质差异。若以 2C 的思路做了本质为 2B 的生意，或者反过来，都是有问题的。前段时间拜访一个做饮料产品的朋友，他花费很大精力做了一款婚庆的饮料，不仅做了消费者调研，还做了各种分析和策划，最终上档次、有面子、价格合理的产品被推向市场，结果却是大败而归。那么，失败的原因是什么呢？这个生意的本质是 2B 的，即面向婚庆公司的生意，而不是面向消费者的生意。若没有给婚庆公司留够满足其期望值的利润，则根本没有可能销售出去。

目前，互联网、大数据、云计算、人工智能等成为了很多生意进行模式转变的机会，很多企业都跃跃欲试。在行动之前，请一定要深刻、准确地理解 2B 和 2C 模式的精髓。若能站上这个凳子，对未来的发展将是十分关键和有益的。

03
企业之间的比拼，是速度、规模、经验三方面的比拼／

企业之间的比拼，是速度、规模、经验三方面的比拼，即需要更快的速度组织产能，满足客户需求；规模是大多数企业追求的，既有成本方面的考虑，也有竞争优势方面的考虑；市场竞争也是经验和学习能力的比拼，我们需要不犯或少犯错误。只有三方面都做好的企业，才能抓住更大的机会。

再好的规划也抵不过快速迭代

在市场竞争中，产品的开发又分为两种模式：一种是传统硬件产品或软件的模式；另一种是快速迭代的模式。在这两种模式的背后，是两种不同的思路和能力。

- 第一种是尽快实现收入，责任切割比较干净，就好像我卖给你一个电钻后，你用不用、怎么用、产生什么样的问题都和我没有关系，我最多在你需要时提供一下售后服务。

- 第二种是产品交付给你后，你可以用，但我需要继续改进产品，改善的方式就是版本的迭代。很多互联网产品的迭代速度很快，几乎每周都有小迭代。更重要的是，互联网产品的迭代不是凭空拍脑袋做的，而是基于数据或小流量的分析结果，即完全是参考用户的喜好和反馈给出的。这样的迭代具有足够的科学性和先进性。

能够实现并重视快速迭代，正是互联网公司的生产方式先进的根本原因，这也是为什么国外的公司打不过本土互联网公司的原因：在本土的互联网公司里，即便是一个产品经理都有权基于用户的数据进行必要的产品调整，一方面是因为迭代的方法论有科学依据，另一方面是因为在管理机制上允许。其结果就是本土产品的迭代速度、用户体验的改善速度，最终让自己的产品体验优于对手。反观国外互联网公司在国内的运营，虽然也有顶级的人才，甚至有更大的财力支持，但往往是因为产品技术团队远在国外，我国的职业经理人无法与其进行有效协调和沟通，或者我国的团队采用由经理人控制的机制，而不是创业机制，最终响应中国市场需求的时间很长，反应速度相对很慢，这一点完全没有发挥出互联网应有的优势。再加上国内没有传统外企的市场和品牌基础，他们败给中国本土的公司也在情理之中。

所以，快速迭代是用户第一的最好支持和保障，而迭代能力是企业最重要的竞争能力。需要注意的是，不是只有互联网公司才能迭代，每个公司都应该有迭代，只是迭代机制不同而已。越来越多的餐厅菜品时装化，越来越多的商家考虑装修店铺，其实这些都是不断迭代的表现。企业的竞争就是迭代能力的竞争：日本连锁便利店 7-11 就显示了极其强大的迭代能力；而国内很多商超难以快速迭代，本质上还是用户第一的机制难以建立和保障。

规模效应打不过网络效应

在商业竞争中有一个重要的现象就是规模效应。经济学中的规模效应是根据边际成本递减推导出来的，也就是说企业的成本包括固定成本和变动成本，混合成本则可以分解为这两种成本。在生产规模扩大后，变动成本同比例增加而固定成本不增加，所以单位产品的成本就会下降，企业的销售利润就会上升。

这一点不难理解，现在很多餐厅加大了外卖的比重，就是在增加销售量后分摊其管理和经营成本。如果是食堂呢？即客人必须到餐厅用餐，销售额需要背负房租、水电、人员等固定不变的成本，若管理成本上升不大，那么规模越大、单位成本越低，则越能赚钱。

网络效应是指一个产品的用户越多、对用户的价值越大，就越能吸引用户使用。同时，此产品的价值跟用户数的增长呈现二次方关系，即著名的梅特卡夫定律：网络的价值等于用户数量的平方。社交产品是典型的具有网络效应的产品，比如，对一个用户来说，使用微信的朋友越多，微信对用户的价值越大，也就能吸引更多的人来使用微信。

规模效应通常是前向收费，因为收入将随着客户数量的线性增长、成本的降低产生随规模增长的情况。网络效应通常是后向付费，即对用户不收费，但是用户在使用其他产品或者广告主做广告时，平台可获得利益。因为获得用户的单位成本在不断降低，而平台的价值又跟用户数量的平方有关，即未来的收入趋势将呈现二次方的增长（假设按照价值同比变现），所以从经济学的角度看，规模效应的公司打不过网络效应。

因此，在有机会设计一个企业的商业模式时，需要做一些思考，即是否有机会产生网络效应、是否有机会实现后向付费。这可让企业未来的盈利性有机会大幅度增加。而企业的基础如同汽车底盘一般，更低的底盘是汽车在行驶中不翻车的基础，后向付费的业务，相对前向付费业务而言，其底盘更低。

老司机斗不过数据智能

"老司机"是我们对在特定行业里具有丰富操作经验的人的尊称。由于在行业里的知识、经验、人脉都无比丰富，再加上更早司机的经验传承，老司机俨然成为了其所在行业的活字典、大数据。因为老司机一般都拥有很多隐性知识，能猜对很多未来将要发生的事情，并根据这个猜测做出准备和反应，所以老司机是很有价值的。

数据智能是基于大数据引擎，通过大规模学习和深度学习等技术，对海量数据进行处理、分析和挖掘，提取数据中所包含的有价值的信息和知识，使数据具有"智能"，并通过建立模型寻求现有问题的解决方案及实际预测。简而言之，数据智能就是计算机根据一些数据猜出可能发生的事情，并根据猜测的准确性做出准备和反应，这显然也是有价值的。

从一些复杂的现象、问题中猜出一个相对确定的结果，老司机跟数据智能拥有相似的本领，但我要告诉你的是老司机斗不过数据智能。

随着万物互联、云计算、大数据的逐渐普及，数据智能将拥有更加坚实的数据基础。其直接结果就是数据智能比老司机猜得更准、猜得更全、猜得更多、猜得更快。

对还在依赖老司机的很多传统企业来讲，需要关注并拥抱这个变化了。在这个时代，应首选与数据智能相关的公司，不仅可让自身立刻拥有竞争优势，而且能积累优势，赢在未来。

04
正确认知管理者所扮演的角色 /

每个人都是一个商人。商业认知不仅包括对自己所在行业、所在公司的业务认知，还包括能准确认知自己在商业生活中所扮演的角色，即角色认知。

在一些组织中，有明确的执行者、管理者、领导者的区分，但有一些组织角色并不是很明确。无论是哪种情况，在工作中都会涉及角色的转换，最典型的就是从执行者到管理者，以及从管理者到领导者的角色转换。

很多人在角色转换的过程中失败了，甚至有的人在到达了很高的位置或者管理岗位后的很长时间内角色转换仍没有顺利完成，还有人身居高位，不知道如何帮助别人进行角色转换。为什么角色转换不好呢？其实还是由于角色认知的不到位造成的，即对自己或别人的角色认知普遍存在问题：有的人应该拥有一个凳子；有的人应该拥有带别人上凳子的能力；有的人应该能激励别人一起打造凳子。

在职场中，每一个人都有三个角色：最上边是领导者，中间是管理者，最下边是执行者。只是比例不同、表现不同而已。三个角色的差异是角色凳子的差异，以及同一个凳子的关注位置的差异。

所谓的执行者就是指在工作中领导者和管理者角色占比较少，按照既定的目标、规范、标准、要求执行，且完成工作的比重较大的人。如果用凳子模型进行分析，那么其主要工作位于某个凳子的第二条凳子腿上，甚至有时日常工作的很大比例是重复完成工作。

执行者的定义是需要在特定时间内按照特定的标准达成结果，最终的任务就是交付。其"游戏"规则是"管理者要，执行者给"。但是没有不需要思考的执行者，在接受管理者"要"的内容时，执行者需要确认、理解并评估。只有深刻了解整个凳子，才能知道这条腿需要做到什么程度，以及做什么创造能够有利于整个凳子的打造。从这个角度看，执行者也有管理者和领导者的素质要求。这也是一些优秀的有独立思考能力的执行者有机会晋升到管理岗位或领导岗位的原因。

管理者最重要的标志是通过让人完成工作来达成目标。很多人都没有通过从执行者到管理者这一关的考验，或者从执行层提升到管理层后看不惯别人做的事，总觉得别人做得不够用心、不够好，喜欢万事亲力亲为。另外，和以前同级别同事的关系，也不知道如何把握或重新定位。

如果用凳子原理来看，管理者要为整个凳子负责，从而支撑公司更大的凳子或某一凳子腿。可以将自己团队凳子的第二条腿或者其中一部分授权给别人做，只要加在一起，让自己团队的凳子结实、完整就好。这时，对自己角色的正确认知就显得十分重要。管理者的一项重要工作是带人上自己的凳子，让下属对凳子有和自己相同、正确的认知后，打造出凳子腿或其中的一部分，之后达成管理者的目标。在这里，管理者的凳子有可能是组织已经安排好的，或者是较为成熟体系里的重复性工作。

很多人在适应管理者的角色之后，未来还有可能遇到领导者角色的挑战。领导者角色的核心是"带人造凳子"，即以定义和打造一个凳子为自己的使命。其目标是定义、强调凳子要承载的价值和意义。通常情况下，每位领导者都会有特殊的价值和意义。比如，愿景或使命的激励，为此主动定义出一个凳子，并通过带人上凳子来吸引追随者；制订出延展目标，不断激励追随者一起努力，最终打造出一个能承载这个意义和价值的凳子。

从管理者到领导者，需要学会另一件事儿：通过定义凳子、设定目标、营造氛围来提升绩效，即对更大的凳子，如公司"是什么""为什么"的问题进行回答，继而通过"怎么说"上的创新，把这些观点"销售"给员工，让大家基于"信"爆发出战斗力，并基于战斗力赢得胜利，最终实现公司的目标，也成就了员工的发展。

虽然管理者和领导者存在明显的区别，但是在实际工作中，并没有绝对的领导者和绝对的管理者角色。通常情况下每个人都兼具领导者和管理者角色，只是角色比重不同，以及个人对自己认知的不同罢了。比如，在一个成熟的大公司里，可能部门负责人的管理者特征呈现得多一些；而在一些创业公司里，部门负责人的领导者特征呈现得多一些。另外，还有一种比较常见的错位现象，即领导者对自己的角色认知不到位，把本来是领导者的角色理解为一个普通的管理者，结果在工作中只关注凳子腿的打造，没有关注到整个凳子，以及凳子上承载的价值和意义，必将导致工作结果大打折扣。

说明：为了方便理解，本书后面的内容不会再特意区分管理者和领导者这两个概念。如果没有特别说明，那么都以管理者的视角进行阐述。

05

正确认知被管理者所扮演的角色 /

招人就是找凳子：在脑、嘴、手中，哪个能力更重要？亨利·福特有一句很有名的话："我想要的是一双手，为什么来了整个人，还有个脑袋？"

在福特的汽车生产线上，每个机器和人都在严格按照流程和规范工作，不需要思考，没有想法，灵活的手是最重要的。但是我们每个人是有思想的，甚至会有负面情绪，弄不好这个脑袋会影响手的效率和作用，从而带来额外的负担。相信亨利·福特一定是这样想的。

实际上，持有亨利·福特这样理念的人很多。因为公司的阶段性目标需要一个明确的结果，所以招人就是为了帮助公司"给"出这个结果。虽然看似员工只是凳子的一部分，但是很多招聘到的人并不想把自己当成凳子的第二条腿，即只重复性地交付一些结果。这种矛盾是在人员招聘中经常遇到的事情，能不能理解公司招聘员工的真实目的和意图，并平衡市场供应的现实条件，会对招聘的结果有很大影响。

若用凳子模型进行分析，则招聘就是为公司找凳子。公司的能力凳子在某一方向缺失，若是依靠已有凳子的逐渐修复来补齐这个缺失需要很长时间，这时可通过找到拥有相关凳子的人，让其补充进来，就会快速、高效很多。

但是，每个人都不仅仅只有一张嘴、一双手，还会有脑、有心。正是因为有脑、有心，才让每个人成为资源，成为待开发的矿藏。于是，帮助这些新来的"凳子"成为组织需要的凳子，就是对"凳子"的早期培养。个人的兴趣和公司培养让个人发展拥有无限可能，公司也因员工的成长拥有更多的凳子。比如，很多公司都在招聘客服的岗位：有些客服的主要工作是操作，所以大家认为公司需要雇用"一双手"；有些客服的主要工作是与别人进行电话沟通，所以大家认为公司需要雇用"一张嘴"。那事实是什么？其实公司需要招聘到一个带脑、带心的"手和嘴"。如果引导得当，且假以时日，普通客服也能成长为公司重要的凳子。

要招比自己强的人

很多人在进入管理岗位后都会遇到一个问题：不敢招聘比自己能力强的人，担心无法对其进行管理，如果对方不听话，那么自己的职责将难以履行。

如果用凳子理论分析这一问题就会简单很多：作为部门负责人，招聘员工就是要找在某一特定领域里的结实凳子，从而补充团队整体凳子在某一方面的缺失，使其变得更加稳固。若团队成员都是能自我成长的凳子，那么在学习成长为大凳子后可将团队的整体凳子带到一个新的高度；若团队成员都是瘸腿凳子，那么整体凳子的高度必将受到很大影响。

如何让自己敢于找到结实凳子并和凳子主人同时进入状态呢？对于领导者来讲，需要先看到公司和部门整体对凳子的需求及与现状的差距。从这个角度可以看出管理者角色和执行者角色的差异，这种差异是凳子在类型和数量上的差异，也能帮助管理者分析出新员工可能在业务认知及角色认知上的差异。这些差异正是他在新公司的发展机会。而管理者站在更高的凳子上沟通凳子差异的过程，以及把对方带上这两类凳子的表述，实际上是双方建立信任和确定相对关系的基础。

管理者对于被管理者而言，除了拥有职务权利外，还应该具有专业权威的权利，即行使职责的最好状态是以信心和信任为基础和前提。

- 信心来自于正确的判断，即公司的大凳子是否结实、完整、有发展，且是否足以承载未来的使命和愿景。

- 管理者和下属还存在信任的问题，该问题或许和能力有关，但更多是由气场和方法造成的。具体来讲，与高技能员工沟通的方法和技巧主要是在信任基础上的"要"。管理者应结合公司的大凳子，对高技能员工提出高标准的要求，并令其承担部分工作。

一般情况下，因为时间、经验、历史、职位等原因，管理者在公司的业务认知或角色认知方面超过新人的可能性很大。但有时，管理者因业务凳子的某些部位出现缺失，业务认知或角色认知未必能超过下属员工。比如，空降的管理者对业务角色缺乏了解。

在西游记中，唐僧可以说是手无缚鸡之力，可他偏偏是这个团队的核心人物，这是因为他心怀愿景、肩负使命，一直站在西天取经的高凳子上；而孙悟空、猪八戒、沙僧等人虽各怀绝技，但只是拥有凳子的人。只有他们团结在一起，才能完成西天取经的大业。

所以，带别人上凳子，需要自己站在更高的凳子上，以及拥有带人上凳子的技能。

新员工能否谈战略

华为的一名新员工，就公司的经营战略问题给任正非写了一封"万言书"。任正非在收到后批复："如果此人有精神病，建议送医院治疗；如果没病，建议辞退。"无独有偶，马云也曾经在阿里巴巴的内部网站上发表了一封信："刚来公司不到一年的人，千万别给我写战略报告，千万别瞎提阿里巴巴的发展大计……谁提，谁离开！"

因为战略是要把使命感、价值观、愿景、组织、人、文化都结合起来思考的问题，这不是一个刚入职的年轻人应该关注的。因此，马云给年轻人提出的建议是在初入职场的前三年认真按照 "看" "信" "思考" "行动" "分享" 五个步骤来提升自己。

对于组织的凳子而言，需要考虑的因素十分复杂，也需要很多基础的凳子才能站到这个大凳子之上。之前我们讲过凳子背后有凳子，凳子下面有凳子。比如，竞争的环境、行业的趋势、消费者的变化等，都是战略思考背后的凳子；公司的历史发展、组织变化、文化等内部凳子是凳子下面的凳子。只有对以上凳子都有所了解，谈战略才有意义和效果。

在多数情况下，新来的员工对公司的历史、环境、由来、文化都不了解，既对公司内部凳子的了解不充分，又对外部环境的凳子缺乏充分认知，这时能给组织整体凳子带来价值的可能性很小，因此组织不鼓励这种行为是很正常的。

但是，战略思考不仅仅是公司层面才能有的。每个人都是一个商人，每个员工在自己负责的领域里都面对一个或多个具体的凳子。这个凳子可能很小，但由员工自己负责。如何找到合适的凳子腿，并把它打造得结实、完整并能融入公司的凳子体系，是需要思考和分析的。在这里也有局部的战略判断。以终为始的战略思考无疑是必要的，也是很有意义的。

06
管理者如何一对一进行沟通 /

人类最大的优势在于无论如何变化都可以通过协作来进一步同步。协作的前提就是有效沟通，即对整体及各自凳子的进展进行交流、分析、梳理的过程。在真实的商业生活中，出现问题、困难最多的也是沟通问题，所以一定要特别重视。

作为一名管理人员，在大多数的沟通中，无论是何种形式，主动发起沟通的目的都是为了让别人站上自己的凳子。但是我们经常看到的情况是不顾对方的凳子基础、不管对方的接受方式，就想进行所谓的沟通，这是很有问题的。借助对方已有的凳子把对方带上来不仅是一种善意的举动，也是培养下属、建立信任的过程。

职场上经常出现鸡同鸭讲的情况，也有很多失败的沟通。本来沟通的目的是解决问题，但是没有准备的沟通，往往会成为问题的一部分。

沟通的本质是和人一起上凳子，共有四种情况：把你带上我的凳子、把我带上你的凳子、一起站上新凳子、谁也没能站上对方的凳子。

如果准备把别人带上我们的凳子，那么需要做的第一件事就是先了解、打造好自己的凳子，一个不结实的凳子是无法带人上来的。这就像一个销售人员一样，若对自己公司的产品不了解，是没有机会把东西卖出去的；若一个创始人对自己的商业模式不清楚，也是找不到投资人的。

很多人在沟通时经常犯如下错误：自己的凳子不结实、凳子面不完整、第一条腿不能对别人产生吸引力、第二条腿没有任何可操作性、第三条腿还没有完全想好……并不是说凳子在不完整时不能与他人沟通，认知的完整包括对可行性的认知及可能风险的认知，而理性的风险投资者在早期也会接受这样的凳子。但是这样的凳子被接受是基于对彼此的信任，如对凳子面、第一条腿，以及团队的信任，而不是因为凳子很完整。对于"怎么做"的策略及对风险的控制，在一般的商业计划中都会有说明，这些认知也是结实的凳子。

有些管理者的沟通对象是自己的老板，此时更需要把自己的凳子准备好。在自己负责的领域，每个人都应该是专家，是掌握凳子的人。在为了获取资源支持或认可而进行沟通时，若是因为自己的凳子残缺被驳回，其结果将会十分遗憾。

管理者的沟通对象很多，也很复杂。若想把所有人都带上自己的凳子，除了需要把自己的凳子打磨好，让它结结实实外，还有一个很重要的条件，就是用心看别人的凳子在哪里。

作为管理者，了解你的沟通对象，以及他们的凳子基础，不仅是能力的体现，也是善良和智慧的体现。沟通对象是无辜的，甚至有时候是无助的，我们没有任何理由来展现因自己拥有高凳子的优越感，只能为自己把别人带到高凳子上来而感到骄傲。有时正是因为我们能做这件事从而拥有了工作机会。所以，在沟通中保持对对方凳子的认知，以及保持足够多的敬畏，是一种善良和智慧的体现。

几乎所有的管理者都会遇到汇报工作的情况，并且和一般员工相比，这样的汇报显得更为随机，很多时候还是非正式的：电梯间的短暂会面、一个会议的间隙、随时插进来的电话、几句微信聊天……好像作为管理者，需要时刻准备应对来自更高管理者的汇报要求。那么，如何做好类似的汇报准备呢？

李翔在其商业内参中说："凡事都要训练自己用 30 秒进行简要回答。如果想给上级留下深刻的印象，就要能既迅速又有条理地组织自己收集的大量信息。针对提问者想知道的重点方向进行 30 秒回答。这需要养成拆解主要问题的习惯。比如，若上级想问你项目的进展，你要立刻思考对方想知道什么，这个问题一般可以拆解成 4 个方面：（1）项目整体的状况如何，是好还是坏；（2）有没有一两个例子能够说明目前的情况；（3）自己打算怎么解决问题；（4）这位上级能提供哪些协助。通过这样的训练，就能在每次谈话中培养自己观察对方需求的能力，同时也能训练自己整合资料及口语表达的能力，让自己能精准回答出别人想知道的内容。"

若用凳子模型进行分析，则不难看出这其实就是时刻准备好关于自己的工作进展"是什么""为什么""怎么做""怎么说"的小凳子。在任何时候，用最短的时间把上级带上这个凳子，以便让对方放心或者直接提供支持。因为这种交流随时可能发生，所以要养成习惯。在带别人上凳子的过程中"怎么说"的技巧更重要，需要按照"是什么"（结论，好还是坏）、"为什么"（用例子证明）、"怎么做"（我准备怎么做，你可以怎么帮我）的顺序来介绍。这是人们思考和理解问题的逻辑顺序，也是专业的汇报顺序。作为管理者，即使没人过问自己的工作，也应该时刻对自己负责的工作进展有一个全面的认知和理解，这是负责任和职业化的表现。

07
管理者如何与多人进行现场沟通 /

在很多场合下都需要管理者当众讲话。一般情况下，演讲的时间长短不一。很多人很害怕这样的讲话，也有人不知道该讲什么，最后不得其法。听众也不知其所云。

丘吉尔一直以擅长演讲著称。在英国，曾有一个演讲爱好者问丘吉尔："欲问阁下，若做两分钟的演讲，您需要多长时间准备呢？"丘吉尔答："半个月。"又问："五分钟的演讲呢？"答："一星期。"问："一小时呢？"答："无需准备。"

丘吉尔是一个大领导，他的演讲心得居然是演讲时间和准备时间成反比。这的确让人愕然，但是如果用凳子模型进行分析就很容易理解了。演讲究竟是什么呢？我们可以把演讲定义为在现场的短时间内，把目标听众带到演讲者的凳子上来的过程，即让听众对演讲者描述的一个概念或主张的一个观点有清晰、完整的认知，并进一步产生行动。在听众多且认知基础不明时，若想达成这个目的，其复杂性就会和演讲时间的长短成反比。

按照七项全能模型所说，所有工作均以信心和信任为核心，演讲或讲话也不例外。需要记住，所有的工作都要为这个目的负责。

基于这个目的，好的演讲的前提是演讲者拥有一个结实、完整的凳子。该凳子最好是由演讲者自己打造且具独特性，听众对其陌生且感兴趣。换句话说，可能听众也有凳子，但只是一个类似于飞盘等形态的残缺凳子。

既然演讲者手里有凳子，那么其观点的科学性、合理性已经禁得住质疑和挑战。根据之前的论述，介绍凳子上面的意义和价值，是拉别人上凳子甚至一起造凳子的不二法则，因此，说清楚"是什么"和"为什么"最为关键。

每个人的凳子背景和基础都是复杂的，并且针对不同的人，其理解的复杂性会成倍增加。当然，如果有足够多的时间，演讲者可以充分调研这些凳子，或者在发现还要把别人带到一个过渡性的凳子上时，可以把过渡的凳子讲出来。但在时间有限时，就没有这个可能了。因此，这时需要考虑以下三点：第一，如果有多个凳子，那么需要考虑使用哪一个；第二，需要照顾听众的最低凳子；第三，采用何种演讲风格才能得到大家的欢迎并被接受。

如果都没有时间完成对一个凳子的描述，那该怎么办呢？在这种情况下，演讲的要点是描述凳子面和第一条凳子腿，把另外两个凳子腿交给别人或者留给下次演讲。因为无论是业务认知凳子、角色认知凳子，还是方法论凳子，演讲者的价值和能力都是对凳子面的认知和理解，以及基于第一条腿对使命、愿景、意义、价值的阐述。这些是产生信任、产生追随的基础，也是需要大量归纳、提炼的关键。因此，时间越短的演讲越需要更长时间的准备是非常正常的。

第七章

大学生和职场新人认知的应知应会

01
公司不是学校，不是俱乐部，不是家，而是球队 /

每个人都是一个商人，只是我们售卖的是自己的时间和能力。工作后的第一家企业通常是我们作为出卖时间的商人的第一个买主。在加入该企业之前，若能深入研究这个买主的需求，将对我们未来能更好地销售自己提供很大帮助。

到底企业是什么呢？很多人的这个小凳子都是错误或不清晰的，甚至包括一些资深的管理者。这些认知的错误导致出现了很多误解、烦恼和不好的后果。在这里，有必要继续把一些对公司的误解做一下阐述。比较典型的是对公司的错误认知，即把公司当成家庭、俱乐部、学校等。

这种认知不仅在员工中十分普遍，在很多管理层，甚至是资深管理者的心目中也广泛存在。在我看来，家庭、俱乐部、学校是一个认知的凳子，只有借助这些常用的凳子才能顺利地把大家带到企业的凳子上来，这是管理者的方法也是习惯。几乎所有人对家庭、俱乐部、学校这三个概念的小凳子都有完整、清晰、准确的认知，如果能借助这三个小凳子来阐述公司的概念小凳子，是很容易实现的。

但事实上，所有这种认知都是不全面的，是错误的小凳子。对公司这个概念的认知错误，将导致出现行为错误，甚至有时候是十分严重的。

十多年前联想公司的一次裁员引起了社会的巨大轰动。一位曾亲历裁员的管理者就这次裁员的感想写了一篇文章，在网上发布后传播非常广泛，引起巨大反响。这篇文章就是著名的《联想不是我的家》。

联想一直是一个发展非常稳健的公司，公司也十分重视文化建设。联想的管理层，也或多或少地传递出信号，那就是联想是一个大家庭，并以大家庭的逻辑成功地实施过很多次组织安排或调整的工作。在因业绩压力，联想不得不裁员时，员工的问题就来了：既然公司是一个家庭，在外界威胁到来时，家长会通过驱逐一个家庭成员来保护家庭利益吗？这个疑问引起了共鸣并引发了很多人的广泛传播。

事实上，公司不可能、也不应该是完整意义上的家庭。公司同事之间亲密无间、上下级之间相互信任，或许会有家庭的氛围，但是，公司作为一个在市场上生存的商业主体，无法像家庭成员那样对员工承担无限的责任。

那么，公司可以是一个俱乐部吗？在很多员工的心目中答案是肯定的。在多年以前，部门里有个富二代的同事，每天开着自己的豪车到公司做客服。大家开玩笑地调侃他的工资都不够加油钱，但他享受和大家在一起的时间和氛围。很多员工和这位同学一样，很喜欢同事在一起的氛围，也认为给员工带来快乐是公司的责任。有的人认为如果能每天感受到快乐就待在公司，如果不再快乐就选择离开。特别是公司中一些熟悉的伙伴离开时，往往会重新考虑自己是否也要离开。

其实，公司不是一个俱乐部。因为俱乐部是以让会员快乐为使命的，而公司是因客户而存在的，客户满意才是公司追求的方向。有时，这个方向与组织中每个人认为的快乐是一致的，但有时却是矛盾的，特别是涉及具体的人或在具体的场景下。比如，为了让客户满意，公司会强调工作时员工应严肃、认真，并适当地利用同事之间的压力和竞争来提高效率。这种方式未必能给所有人带来快乐。

公司可以是一个学校吗？答案还是否定的。公司有自己的职责和使命，虽然也在给员工提供一些培训，但这种培训和在学校里的学习完全不同：公司只给员工进行必要的培训，而不会给员工想要的全部培训。二者的差别在于培训的目的，并且这两种培训对结果的期望也不同：公司的培训期望是员工能够交付出更好的工作结果；学校的培训只是履行教育义务。

一位应届毕业生的家长曾找到我说："孩子还小，在公司里学习是最重要的，未必能承担重要的责任，所以希望经理不要给孩子太大压力，我们不要工资都可以，只要能学到东西。"我解释说："公司不是学校，我们需要的是一个能贡献和自我管理的员工，而不是一个在这里继续完成学业的学生。"

对公司的认知十分重要，因为这会直接影响大家的态度和行为：错误的认知会导致错误的态度和情绪，继而导致错误的行为和后果。在陷入恶性循环之后，失败的职业经历也会成为必然。

这个错误不仅仅是员工单方面的问题，公司的老板和管理者也有错误的认知，甚至有时候员工的认知就是源于老板和管理者的错误引导。这样的例子不胜枚举。

著名企业家里德·霍夫曼通过《联盟》这本书告诉我们："如果非要把公司进行类比，那么可以把公司比喻为一支球队。在激烈的竞争中获胜是公司的使命，员工是球员，为了获胜球队可以招募需要的球员。球员在打球时获得经验、获得收益、获得荣誉，球队获得胜利、获得收益，从而实现双赢。球队为了胜利而换人是非常正常的，而球员为了拥有更好的发展，转会离队也是没问题的。至于球员可能的失业、受伤等问题，都由保险'照顾'。球队只要为球员上了保险，就尽到了自己的责任，不用承担家庭的责任。这样的安排，其实是效率最高也是最为公平的。"

球队希望球员是被球队的梦想，即使命和愿景所吸引，和球队一起赢应该是球员的梦想，而不是因为其他的原因。学习和快乐的经历都是实现梦想这一过程中的附属品，所以球队不是学校或俱乐部。

其实，保证球员被梦想吸引是非常重要的。为了留下真正喜欢在球队打球的成员并实现球队的使命，有时球队甚至愿意付出代价。比如，被亚马逊以超过 10 亿美金收购的 Zappos 公司已经成为业内流传的"神话"。这家公司最让人匪夷所思的举措是如果新员工在培训后立即离职的话，会获得 4000 美元的奖金。稍加分析就不难理解这个安排的合理性：因一个本该早一些离开球队的队员没有离开而让球队痛失机会的成本会远大于 4000 美金。

02
老板不是班主任，不是裁判，
而是队长 /

　　老板或者上级是什么，以及如何和上级沟通、相处，对于每个职场新人来说都是一个必须掌握的凳子。这个凳子十分关键，如果理解错了就会产生错误的结果。因为老板或上级对自己有着最大、最直接的影响，对这种凳子错误认知的惩罚也是十分直接的。

　　很多优秀的应届毕业生，学习欲望非常强，成长也十分迅速，但是对老板的认知出现了不少错误。

　　最常见的错误就是把老板当成了老师，把同事当成了同学，把日常工作当成了考试。于是期待老板不断地出题、监考、评卷、宣布成绩，最好出的题目难一些，这样才能增加区分度。老板还要对大家一视同仁，不能允许同学作弊。同学都暗自发力，为自己负责。老师要维护考场纪律，不准相互传小条，最后请老师根据分数判定谁是第一名，第一名应该得到晋升、加薪。

　　这种错误意识在很多人的心目中会或多或少存在，一方面是因为大家习惯用原有的小凳子到达新的小凳子，班主任、同学都是十分熟悉的角色，从这些角色推演出老板或上级的角色是十分自然的事；另一方面，因为十几年甚至几十年的学校学习经历让很多人形成了一定的路径依赖，到公司后仍希望按照原有路径行事。

　　其实，对上下级关系的认知是职场中的重要认知，也是经常犯错的认知。对于新员工来说，这个认知错误非常普遍，直接的后果是不知道如何和上级沟通，或者不知道如何获得必要的资源或信任。对自己的上级抱有不正确的期待，其结果必然是很无助或哀怨的，甚至不得不离职。

　　老板或上级到底是什么呢？老板很像是一个球队的队长，有时候也像一个球队的教练。他们有一个共同的目标，就是在市场竞争中赢了对手、交付组织需要的结果。你能加入这个团队是因为自己的优势，即已有的凳子。而你需要加入这个团队是因为团队可以提供给自己成长的机会，即潜在可以掌握的凳子。在此前提下，老板或上级会是那个非常乐意带你上凳子、造凳子、修凳子的人。因为老板是借助别人的能力实现自己目标的人，也需要别人的支撑来成就自己的新凳子。老板自己的目标需要通过"望""猜"来确定，也需要通过分解目标来请其他人完成。老板的"要"，你能"给"，最终的结果就是老板在整体上也能"给"出公司的大凳子，这才是老板和下属之间的良性互动模式。正是因为如此，对老板的正确理解，以及能否站在老板的视角来看问题就变得十分关键。

03
员工不是学生，不是社会人，而是职业人 /

一个人的职业发展阶段有哪些呢？在我看来，一般会有五个阶段：学生、社会人、职业人、职业经理人、创业人（商人）。

这五个阶段并不代表一定需要从第一阶段逐级走到第五阶段，有的人可能在学生时期就是一个很好的社会人，而有的人天生就是经营的奇才。其差异是由能力的不同造成的。

有些人的成长过程是系统最优，即在应该长身体的时候长身体，应该学习知识的时候学习知识，应该成为商人的时候就直接进入市场做生意……所以，我们可以看到很多没受过太多教育的人做生意很成功，情商和社交商也超高。

大多数人追求的是步步最优，即从幼儿园开始，下一步都是在前一步基础上的最优选：幼儿园结束后上一个最好的小学；小学结束后的最优选是上一个好的中学；中学结束后的最优选是上一个好的大学；大学毕业后的最优选是进入央企或成为公务员；之后的最优选是做管理层……但是，按照这个路径走下去，其结果未必就是系统最优，因为一旦某些能力错过了最佳培养期，其能力可能是仅停留在某一个阶段。

一家公司的 IT 部门曾因在密码修改时没有提前通知，酿成了公司内部沟通的大事件：基于安全或者其他方面的考虑，IT 部门修改了 guest 的 Wi-Fi 密码，以及 Wi-Fi 使用政策。结果此事在公司内网引发了大讨论。一时间 1 000 多个帖子都在说这件事。一部分员工的发帖从刚开始的反映问题到发泄情绪，最后指责公司的 IT 部门，甚至借题发挥表达负面情绪。很多人站在旁观者的角度观战。

这一切让我立刻想到大学时代的一些场景：在食堂的饭菜出现一些问题，或者学校的行政服务存在问题时，有些学生马上站出来抱怨，还有一些人完全是站在旁观者或被服务者的视角等着看好戏。

很显然，这些人都把自己当成了受害者或旁观者，认为责任都在别人，不约而同地站到学校或食堂管理方的对应面，不去思考这些问题出现的客观或偶然因素，更不谈以主人翁的精神来理性地寻找解决这些问题的办法。

如同高校的食堂永远有机会改进一样，公司的确在行政服务方面存在很多可改进的地方。比如，至少可以在准备和沟通层面上做得更好。但是员工的角色已经和大学里缴纳了学费、没有太多社会责任的学生不同。确切地说，从工作的第一天起，角色就已经改变了。

那么，员工到底"是什么""不是什么"呢？在出现内部问题时，员工和学生的角色有什么区别呢？员工和大街上的社会人有什么差异呢？

我在思考良久后得到了答案：员工不应该是学生，也不是社会人，而应该是一个成熟的职业人或职业经理人。和学生、社会人不同，职业人的职责是基于岗位说明和劳动合同的契约关系，为公司积极、主动、专业地履行自己的职责，从而确保公司可以履行自己对客户或合作伙伴的责任。职业人因对公司做出的贡献而获得约定的报酬。员工不是学生，如果把自己继续当成学生，是学校行政服务的服务对象，那么就会在公司出现问题时像外人一样地抱怨和幸灾乐祸。员工不是社会人，如果把自己当成路人甲、路人乙，那么也与公司没有共同利益和责任。

从学生到职业人有两次过渡：

- 第一次是从学生到社会人的过渡，学生与社会人的最大差异在于承担社会责任、懂得人情世故。正所谓"世事洞明，人情练达"，很多人没有完成从学生到社会人的过渡，无法跟环境及同事融为一体。

- 第二次是从社会人到职业人的过渡，又是一个巨大的坎儿。在这个过程中，双赢思维、职业素养、工作习惯、信托责任等都需要培养。很多人就是因为在这一步没有很好地迈出去，于是得不到公司重视，没有发展机会，进入负向循环，造成了最后的失败。

虽然每个人都是一个商人，但是从职业人成长为真正意义上的为盈亏负责的商人，又是一个更大的挑战。因为商人是为自己的财务结果负责的人，处理的关系不仅包括内部，还有外部，需要完成所有商业认知的升级。

所以，对公司的管理层而言，应该认真分辨自己的员工认知到底是处于学生、社会人还是职业人等哪个阶段，以及是不是需要进行适当的引导，以便帮助他们明确状态和方向，并加速完成这些过渡；对于员工而言，无论是职场新人还是职场老人，都需要认真检视一下自己的认知是否还停留在某个阶段，职业人的凳子是否已经完全掌握，可以帮助自己登上更高层次。

04

同事不是竞争对手，而是队友 /

很多人在公司里感受到的最大竞争压力来自于伙伴，即 Peer Pressure。这可能是因为从幼儿园开始，别人家的完美孩子几乎是每个孩子都会碰到的隐形竞争对手。别人家的完美孩子给我们带来了很多压力和不安，并已经成为诱发我们违背自己本意、行为的最有力工具。

如果将压力变为动力，并在自己身上找差距、见贤思齐，那么良性竞争就会让我们更成熟、更成功。但很多人习惯性地把同事当成了自己的竞争对手，就像众多同学争夺极少的实验班入学资格一样，其思维模式是如果竞争对手失败了，那我就成功了。于是在工作中提防、不配合，甚至做出一些打击自己同伴的行为，最终造成了双输的局面。

有些公司或者没有经验的上级对这样的现象没有正确引导，甚至就是利用压力来鼓励竞争，推动同事之间的攀比，以实现让每个人不安全的心理状态，最终使团队更加受控于公司或上级。但是这样做的结果却是团队的氛围恶化、人人自危、信任全无。

其实，同事是什么呢？同事是你的队友，是那些通过相互配合赢得胜利的人。公司和公司的比拼是总凳子高度的比拼，而每个员工都在贡献自己的凳子，或者是贡献凳子的一部分。和同事比拼凳子的高低，或者打击同事的凳子，只能让自己离职业成功越来越远。这就好像一个球员，只有在转会时才会发现，真正的竞争对手是打同样位置的其他队的选手，而不是你的队友。平时对你挑剔、给你帮助、逼着你和他一起赢球的队友和队长是你的伙伴，你和他们一起赢得的每场比赛都是你转会进入另一个平台的门票。

竞争对手不在公司，更可能是在竞品公司里。他们或许正在团结一心、相互补位、相互激励，准备打败我们的公司，以便得到市场的认可和奖励，最终他们会获得更大的职业成长。

这就好像百度以技术著称，那么百度所有的技术人才在市场上的价值都会提升；阿里以运营著称，那么阿里所有的运营人才在市场上都能得到高待……最后的竞争都是对消费者服务的竞争。和优秀的人一起学习、相互成就、取长补短、共同修炼更高的凳子才是最好的策略。

05

职位说明书是组织的"寻凳子启事"

通过和很多职场新人及大学生聊过多次后，我有两个发现：一是大家最关心的问题是工作机会和职业发展；二是很多人对企业招聘、培训、晋升的理解是错误的。因此，在自己最好的职业年华没能以终为始、做好相关的准备，苦苦追求的是分数、证书、名次，但是真正的能力却演变成了飞盘、蒲公英或铁饼。

公司招人就是在找凳子，完整结实的凳子能在一个公司的大凳子体系下发挥作用，但飞盘、铁饼等难以实现这样的作用。若能以终为始，通过研究企业寻找的凳子，有针对性地进行准备，并在进入企业后积极补凳子、修凳子，就能快速获得进步。

既然公司的招聘就是在找凳子，那么怎样才能知道公司正在寻找什么样的凳子呢？职位说明书就是一个提供这类信息和线索的文件。

通常情况下，在简单的职位说明书中包括职位描述、职责描述、胜任条件等。在更完整的职位说明书中还包括汇报和沟通关系、决策内容等信息。这其实就是对这个职位的角色认知凳子的描述，即"是什么""不是什么"。当然，也需要根据一些线索进一步了解"为什么"和"怎么做"的问题。而胜任条件就是在描述对凳子的要求，因为全面判断的时间成本太高，所以需要通过一些外部特征来确保候选人会大概率地满足岗位凳子的要求。

因此，在看一个职位招聘信息时，一定要借助这个职位说明信息，或者其他的信息渠道，还原这个职位角色的小凳子，充分理解"是什么""为什么""怎么做""怎么说"四个方面的问题，继而认知与这个职位相关的业务认知小凳子、方法论（即技能）小凳子等。

能够完全了解这个角色小凳子、明白做好的标准、理解自己可能和小凳子之间的差异就是一个很好的开始。再通过认真准备，应聘成功的可能性就更大了。即使这次没有成功，这样的准备过程也是一个学习和检验的过程、一个找凳子差距的过程。基于这些差距，就可以开展学习，并且企业的招聘需求也能反映出市场的真实需求，只要最终提升了自己的凳子能力，必然能够获得属于自己的职业机会。

什么是面试：测试一个人的小凳子和空缺职位是否匹配

几乎每个人都会遇到面试的问题，无论是老板、管理者，还是作为职位的申请者。当然，如果你是一个管理者，那么你需要做的工作是面试候选人，以便确定他是否能够进入公司工作。

对面试"是什么""为什么"这一问题的理解错误，不仅会引发面试的失败，也会让公司招错人。那么，面试的凳子应该长什么样呢？

在我看来，面试通过"怎么说"来验证候选人的角色小凳子、业务认知小凳子，以及方法论小凳子和空缺岗位的凳子结构是否匹配。

在凳子模型中，"怎么说"是最后一条腿，也是最能检验一个人对一个商业概念是否理解到位的关键一环。通常情况下，做不明白往往是因为没想清楚，而没想清楚肯定就说不明白，所以用"说"的能力来检验"想"，用"想"来检验"做"的能力和潜力是一个科学的方法。

那么，在应聘前需要进行哪些准备呢？其实就是对和角色相关的三类小凳子的准备。读懂职位说明书就基本理解了空缺岗位对凳子的要求。准备小凳子就是按照对商业概念理解的标准将完整的凳子要求表达出来，其结果应是逻辑严谨的。因为拥有完整结实的凳子，不管面试时从哪个角度来问，都不会出现难以回答的情况。

当然，把理解好的内容成功地表达出来是需要一定技巧和锻炼的。这就是我们常说的口头表达能力。对于职业人来讲这是一个最基本的要求，提前做好准备，也是对面试者的尊重。

在面试过程中可能会发现自己对于企业的某一方面需求不能完全满足，这是十分正常的，而这正是你要完善和发展的方向。此外，公司也很了解，市场上未必有完全理想、符合条件的凳子在等待公司筛选。这时最重要的是，你是否完全认可公司业务凳子上承载的东西，即是否愿意追随使命和愿景，并完全接受公司整体的价值观。阿里巴巴将其称为"闻味道"，即感性地判断一个人在公司价值观方面和公司的契合程度。有了这个基础，一个善于学习的人是很有机会在工作中补足自己的凳子的。

什么是职业发展：不是爬梯子，而是攒凳子、摞凳子

大学生的典型职业发展是从学生到社会人，再到职业人、职业经理人，最终有些人会成为创业者、商人。不过，有些人是直接从第一个角色跳跃到后面的角色。比如，现在的大学生创业就是从学生直接到商人的过程。无论是通过哪个途径发展，从学生到商人的过程就是责任在不断增加的过程。

职业人是在一个组织里为完成一定的组织使命而存在的。在自己的领域拥有完整、结实的凳子，能高效地解决一些问题。从职业人到创业者或商人也是一次跨越，这一次的挑战最大。因为商人需要依靠自己的努力获得多方的认可，才能有机会存活下来并获得成长，任何一个方面的短板都会严重制约企业的发展，在这个过程中需要的凳子更多。

所以，职业发展不是爬梯子，而是攒凳子、摞凳子。每个阶段都要拥有结实、完整的凳子才能履行好自己的职责，并获得掌握下一个凳子的基础。但是下一个角色到底在哪里取决于市场的需求和已有的凳子，而不是在一个确定的梯子上一层层地前进。因为胜任和良好的表现，不是依靠工作经历支撑的，而是依靠拥有的凳子数量和质量支撑的。

06
公司像蝴蝶，每个阶段都不同 /

选择创业还是就业，以及选择成熟的大公司还是选择初创公司，是很多大学生和职场新人纠结的事情。在对这两个问题进行回答时，正确认知公司和组织是十分必要的。

如果公司是一个大凳子，那么把公司分为不同类型和不同成长阶段就是更小的凳子。这些细化能让我们对一个概念拥有深入的认知，能够指导我们做好选择和准备，继而对公司在这个阶段的产品、运营、管理、文化建设拥有正确的判断，以便提升职业成功的概率。

关于公司的分类有很多，最著名的就是美国企业家彼得·蒂尔和阿里巴巴的"参谋长"曾鸣教授的分类：前者把公司分为从 0 到 1、从 1 到 N 两个阶段；后者将其进一步细分。

区别于从 1 到 N 的复制和扩展阶段，彼得·蒂尔所说的从 0 到 1 的阶段是一个从无到有的过程，是一个无中生有的阶段。这个阶段的推力主要依靠科技创新。正是因为人无我有的"1"，才能借助规模效应、网络效应，以及积累的品牌优势赢得垄断地位，最终产生更大范围和深度的影响，并能享受商业上的回报。

基于这个分析，如果你是一个准备出售时间的人，且对一个从 0 到 1 阶段的公司经过深入了解后仍很认同其商业模式，那么此刻有必要加入试试运气。如果你是一个创业者，且公司正处于从 0 到 1 的阶段，那么需要找到自己的技术或模式创新的地方，因为这是一切的起点。

曾鸣教授把公司进行了更细粒度的划分，即把公司分成四个阶段：从 0 到 0.1 是战略尝试期；从 0.1 到 1 是战略成型期；从 1 到 10 是战略扩张期；从 10 到 N 是高效执行期。这个更细的划分不仅准确，而且更具操作性，且粒度越来越细，准确性也越来越高。

从 0 到 0.1 阶段

这个阶段的核心是创新、试错。引导公司向前走的是愿景和方向，公司需要尽快找到切入点才能够活下来。第一个切入点能给公司带来正向的积累，第一个阶段最依赖的当然是创始人。这时资本的杠杆发挥不了太大作用。很多公司陷入麻烦是因为没有将原型创造出来，这时钱多只会坏事情，不会得到很多有效的反馈。

从 0.1 到 1 阶段

第二个阶段需要一个新的能力，即结构化思考的能力，把第一个阶段看到的方向和亮点聚合起来可避免混乱。团队走向共识，让共识成为公司向前发展的指导工具。这个时候需要找到引爆点，以便快速实现规模化发展。

从 1 到 10 阶段

引爆之后就进入了第三个阶段。这时光靠团队已经不够，而是需要依赖组织。组织和成型的战略要匹配，战略不能只是模糊的想法或者团队认知，而要能够被传达、分解，被大多数基础员工了解，战略应清晰到可以变成业务模式。在业务模式中了解自己能够创造哪些价值，以及依靠哪些业务盈利。第三个阶段是要找到发展的杠杆，如资本。

在有了更准确的划分后，大的凳子被分解为多个小凳子进行研究将对实践的指导意义非常大，这就类似于医学上的肝病包括近十种，每种的致病因素、病理都不相同，治疗方法也差异较大，所以在面对"怎么做"的问题时，需要对"是什么""为什么"进行更为仔细的分析和研究，以免简单化一的治疗方案耽误治疗，或者使病情恶化。

从 10 到 N 是高效执行期，与彼得·蒂尔所说的扩展阶段类似，这里不再赘述。

07
像恋爱专家一般打造自己的认知体系

很多刚毕业的学生都在问我："进入新的岗位时，应该学习哪些业务知识才能有助于职业成长呢？"

我也一直在思考这个问题。的确，很多人在知识结构或技能上的缺陷会导致其在职业表现上的差异，如果能够以终为始，那么一定会设法直达目标、不走弯路、缩短学习的进度。于是我发现，作为一个服务人员或销售人员，在代表公司和客户沟通时，需要的知识结构是关于业务的凳子阵，即先做出大致的分类和架构设计，再进入每一个具体的凳子进行学习和提升。这个凳子阵的构成和分类与男孩子在谈恋爱时需要的结构相似。为了便于理解，在这里把女孩子类比为客户，那么一个男孩子在追求女孩子的过程中需要具备哪些类型的知识呢？或者再具体一点，若想邀请一个女孩子来家里吃饭，需要备哪些知识呢？

首先，需要懂得女孩子喜欢吃什么、不喜欢吃什么、什么邀请的理由能接受、什么邀请的理由不能接受。如果连这些都不知道，其实就是不懂客户需求。

其次，男孩子需要了解在家里做什么菜比较好、柴米油盐酱醋茶都在哪里、锅碗瓢盆是否齐备……如果连这些都不了解，即使拥有再高的厨艺，也是展示不出来的。在企业里，员工需要代表公司、部门对外沟通，需要了解公司产品、业务组织流程，这就如同男孩子对厨房、客厅、柴米油盐、锅碗瓢盆的了解。若不了解这些，客户是难以满意的。再次，男孩子需要了解竞争对手的情况。正所谓"一家有女百家求"，没有人能逼迫别人喜欢自己，也没有人能拥有所有的优势。在这种情况下，对竞争对手的了解十分重要。一个对竞品充分了解的职业人，就如同一个掌握了竞争者信息的追求者一般。不过时代是变化的，所以对竞争者的动态学习和了解永无止境。

最后，男孩子需要对这个行业的行情进行了解，即请客的消费标准，若费用低了，女孩子会觉得你寒酸；若费用高了，女孩子可能会觉得你很浪费。正如职场人士对市场和供应链的了解，公司和企业、部门和职能都是一个链条上的不同环节，只看职能不看链条就像只见树木不见森林。

按照以上四类知识结构打造自己的认知体系，或者说打造自己的凳子体系，就是职场新人或大学生的职场捷径。道理很容易理解，但是执行起来并不容易，每个概念都应具有凳子的水准，这对一个职场新人而言极具挑战。但正是因为这样的挑战，才能让新人拥有发展的机会。

08
职业化倾听是职业沟通的一部分 /

你会听吗？当然，但是就像并不是每个中国人都会正确地使用筷子一样，很多职场上的新人甚至老人并没有学会职业化倾听。因为没有学会倾听而导致沟通失败的情景比比皆是。

正所谓"说话听声，锣鼓听音"，职业化倾听是职业沟通的一部分。沟通是一起上凳子的过程，对方的说话很可能是在解释自己的凳子或其中一个部分，又或者是对你的凳子的反馈，总之试图带你站到他的凳子上去。

比如，创业公司的创始人与公司人事负责人沟通时，双方对是否应该招聘来自大公司的有经验人才补充关键岗位的理解不一致。人事负责人认为应该通过招聘大公司的人来快速提升公司的管理水平，并举出很多的案例。这时候创始人需要通过倾听还原的凳子有三个：一是关键人才"是什么""为什么""怎么做""怎么说"的问题；二是公司在现阶段"是什么""为什么""怎么做""怎么说"的问题；三是公司现阶段的关键人才招聘这件事"是什么""为什么""怎么做""怎么说"的问题。

创始人和人事负责人的观点不一致，可能是在这三个凳子的任何一个方面或者同一个凳子的任何一个部位出现分歧。通过倾听创始人发现，两人产生分歧之处在于关键人才对公司来讲"是什么"，即第一个凳子的凳子面。一般人都对飞机、发动机、拖拉机的概念很清楚，于是这几个凳子就是创始人可以借助的。所以创始人用了一句话就把对方拉到了自己的凳子上来，即马云所说的很著名的一句话："不能把飞机的发动机装在拖拉机上"。

在这次沟通中，创始人通过倾听还原对方的凳子、理解对方所谈问题在凳子上的位置、发现可能的错误位置，再通过对方已有的凳子将对方拉到自己的凳子上来。

虽然如此阐述会比较复杂，但是一旦养成这样的倾听和思考习惯，特别是在有这样的意识后，使用起来就会比较简单。职场里的其他行为也遵循相同的原则。

很多人在进入职场前拥有的凳子是有限的。等到进入职场后才发现，仅拥有倾听的凳子是不够的，很多之前根本没有重视或意识到的常用"凳子"缺失会让工作起来不得要领。比如，非常典型的就是工作中的沟通能力。在职场中经常进行的工作交流形式包括请示、汇报、总结、交接等。虽然看起来很简单，字面意思也很容易理解，但是每个名词背后都是一个结结实实的凳子。

始终给上级和合作者安全感是职场沟通的重要原则。靠谱是职场对一个人或者一个好凳子的最好评价。对一个没有工作经历的人来说，他信和自信都是正向循环的起点，职场上说别人靠谱的意思就是这个人可信任，争取这个印象的方法就是始终给上级和合作者足够的安全感。

在七项全能模型中有一个重要的要素，即"信"，这是第一个循环的中心。在职场沟通中，"信"是一个职场新人要尽力打造和维护的。其原因很简单：组织之所以能够在一起配合是因为虚构，而虚构的背后是协同，协同的原因就是信任，从而产生更大程度的协同。环境的信任最终转化为自信，这对做好一件事十分重要。

为什么在职场上要建立信任和自信呢？是为了在进行请示、汇报、总结时减少一些担心。作为一个职场新人，很多事情没有处理经验，所以很容易造成上级的担心。你的凳子失误会影响到上级凳子的成败。如果这些担心得不到排解就有两种可能：一种是换人来做这件事；另一种是进行密集的甚至对每个执行细节的过问，这就像蜈蚣每迈出一步都被追问原因一样，其结果可能会造成自己不知所措，又或者是丧失了自己学习、试错、总结、提升的机会，进而难以进入管理者或合作者对自己越来越信任的良性循环。因此在职场沟通中给管理者或合作者足够的安全感是非常重要的过程，需要职场新人特别重视。除此以外，沟通中还要以终为始，即不是为了把球扔出去，而是为了让对方能接住。这不仅是沟通的原则，也是所有协同的原则。

既然一个组织就是一摞凳子，那么这些凳子需要互相支持才能成为一个在短期内达成目标、在长期中支持巨大的使命和愿景的结实、完整的高凳子。

组织里的每个小凳子都在持续成长中。在这一动态过程中，凳子之间的互补和支持十分重要。若下面的一个凳子状态出了问题，而上面的凳子还准备压在这个凳子上，就可能会落空。因此，每一个人都不是机械地完成自己的工作就好，而是需要在完成自己工作的同时确认自己对别人工作的支撑是否稳定。

总之，沟通的原则就是在恰当的时间、给恰当的人、按照他最愿意接受的方式、给予恰当的信息或方案，最终获得对方的信任。

因此，有人总结说"请示工作说方案，汇报工作说结果，总结工作说流程，布置工作说标准，关心下级问过程，交接工作讲道德，回忆工作说感受"。这个总结有一定的道理，为什么要这样做，以及还有什么地方需要改进呢？下面我们用凳子模型对其中的几个要点进行分析。

请示工作说方案：请示小凳子长什么样

职场新人负责的大部分工作都是目标确定的，即在上级所管理的凳子的第二条腿（怎么做）或者第三条腿上（怎么说）执行工作。你的进度和成败可能会对上级的大凳子产生一些影响，这时老板需要做一些避险的工作。为了避免老板担心，或者为了争取获得更多的建议，请示的过程就很有必要了。

虽然上级对下级请示的期望是有机会发现问题并及时纠正的，但是作为下级的你而言，请示的目的并不是为了获取上一级的细节指导或纠正建议，而是为了得到对方的称赞和首肯。这就像客机在起飞前，最理想的状态是向塔台要起飞的指示，而不是让塔台发现飞机的就绪准备还不足。这时请示的要点包括两个：

- 对行动方案的要点进行介绍和清楚告知，让对方很方便地理解其必要性、合理性、可行性，即确认你对自己即将完成的任务有一个凳子的基本认知。
- 对上级可能的担心和问题要有充分准备并及时进行解释，不要让上级提出问题，而应该替上级提出问题，并进行解答。

只有这样请示才能让上级拥有足够的安全感，并在对方案放行的基础上增加对你的信任，也就是说，对他的凳子稳定性拥有信心。

汇报工作说结果：介绍小凳子的样子

职场中最常见但又最致命的沟通错误就是汇报习惯错误。比如，任务布置给我了，方案也请示确认过了，我也按照时间进度和质量要求完成了，或者正在按照计划推进中，还需要汇报吗？

设想一下：你的上级是一个运输公司的老板，而你是一个司机。在早上老板布置完运输任务后，你就开着一辆车出去了，之后你有没有必要及时告知老板你的状态和方位呢？当然有必要，因为只有知道这些，他才容易进行实时调度：是不是需要帮助、是不是有新的任务、其他人是否需要你支援等，否则在一天结束后，成本已经发生，没有机会来改进运营的效果了。

有一篇网络热门文章《工作做完了，你就不能打个招呼吗》很值得一读，其实就是在说下级需要有一种意识：及时、主动地与上级进行工作沟通，而不要等上级来问，还要和自己的相关方沟通进展。

汇报是一个十分常见的工作，大的汇报有年度汇报、季度汇报，小的汇报有周报、日报，甚至随时可以通过电话、微信进行汇报。那么，向上级或同事汇报工作时的重点在哪里呢？又和请示工作有什么不同呢？

大多数的汇报其实都是进展或结果的汇报，即大目标、小目标已经确定，策略、路线、节奏也已经明确，这时的汇报是对进展、结果、偏差等的沟通。其目的是让上级掌握事情的进展、判断下属的理解等是否存在偏差，并在发现偏差后积极纠偏或者采取新的措施。

那么，怎么做汇报呢？其实汇报也有方法论，不同的人有不同的习惯，这里想给大家介绍的是麦肯锡的 30 秒汇报法。按照这个方法，汇报者需要养成拆解主要问题的习惯，因为任何时候都有可能变成汇报时间：

有的汇报是与老板事先约定的；有时是与老板突然碰到的；更有时是临时发起的会议……养成拆解主要问题的习惯就可以轻松应对这些汇报需求。

比如，上级讯问项目进展时应如何进行拆解呢？问题一般可以被拆解成 4 个方面：（1）项目整体状况如何？是好还是坏？（2）能否通过一两个例子说明目前的情况；（3）自己打算怎么解决问题；（4）上级能提供哪些协助呢？

这种训练能在每次对谈中，培养自己挖掘对方需求的能力，同时也能训练自己整合资料及口语表达的能力，让自己能精准回答别人想知道的内容。养成这样的习惯是职业化的开始。

总结工作说流程：争取打造出方法论小凳子

一件事终于做完了且结果还不错，大家评价也很好，这时很多新人的感觉是开心：终于可以休息了。这个习惯和上学考完试后的感觉一样，甚至有的同学会把自己的书和作业本撕了庆祝一下。

但是，在职场中一件事做完了，结果交付了，工作还远没有完成。这时需要做的重要工作就是总结。那什么是工作总结、为什么要做工作总结，以及怎么做工作总结呢？

工作总结就是对完成过程的回顾，以及方法论的积累和归纳。正如前面所说：砌墙不仅仅是砌墙，是准备成为最好的泥瓦匠，甚至是建造一座教堂的基础。

- 如果是视砌墙为饭碗的泥瓦匠，在完成了一段时间的砌墙工作后得到了工资，那么可认为已胜利完成任务。
- 如果是从最好的泥瓦匠的角度来看，这段墙和以往的墙有什么不同呢？在这次砌墙的过程遇到了什么问题，以及是如何解决的，未来类似问题是否可以借鉴此解决方案呢？
- 如果是从修建伟大教堂的泥瓦匠的角度来看，这段时间的工作对大教堂的建设有什么价值，以及有什么地方有待改善、未来有哪些可用的优化方案呢？

从不同的角度看到了不同问题，以及不同解决问题的方法论。不同的方法论本身又作为一个凳子，能把你带到不同高度的凳子上。方法论的好处是不仅这次能做到，也可确保下次能做到；不仅能确保你做到，也可确保别人依据这个方法能做到。

因此，总结是一件任务结束后的重要组成部分，总结的过程就是方法论凳子的打造过程。

09
欢迎来到以终为始、
无中生有的好时代

　　忘掉老角色、进入新角色、拥抱新凳子是我对大学生或者职场新人的建议。大学生和职场新人是一个特殊群体：年轻、精力旺盛、知识和体验都很新。但是如何快速地进入职场、获得自己的成功，就需要做一些特别的提示。

　　大学生和职场新人也是商人，从一个学生到商人的过渡是每个人必须完成的过程。

　　在走向社会后，竞争力来自于凳子的数量和质量。很多应届大学生拥有的仅是铁饼、蒲公英等残缺凳子形态，或者就没有凳子的概念。这时大家就要以终为始，不断地打造自己的凳子。

　　首先需要跨越的就是角色认知凳子，对于大学生和职场新人而言这是最重要的小凳子。其次是业务认知凳子，不同行业拥有不同的业务认知凳子。学生时期的不同专业可能会影响未来的业务方向，但是大学阶段的课程还是很基础的，并且很多人之后的发展和原专业关系不大，所以不必气馁。对于大学生来说，可能没有很多渠道来获取这些十分必要的信息，所以未来我们的凳子研习社可能会帮助大学生提升凳子的技巧。最后是方法论凳子。本章仅重点介绍了沟通时需要注意的要点，希望对大学生和职场新人有所帮助。

值得注意的是，就像乔布斯的无心插柳一般，学习美术字体和美学的相关知识等，看似无用的凳子对一个人的成长十分重要。职场新人和大学生们需要多准备一些这样的凳子。职业生涯不是一招鲜吃遍天的短跑，而是"望、猜、要、给、信、学、建"的七项全能。这个时代给了大学生和职场新人很多挑战，但是又给大家更多的机会。只要能够以终为始、无中生有，不断创造自己的各种凳子，就一定能取得好的成绩。

认

做新商业文明的见证者和创造者

知

行文至此，本书已接近结尾，但想说的话还有很多。目前，LLM（大规模语言模型）正在改变世界，生成式 AI 成为潮流，各种新的应用此起彼伏，让人眼花缭乱，商业世界正在发生巨大变化。

技术是推动商业协同的背后原因。数字化技术，尤其是人工智能，是未来世界变化的合理性存在。一个与物理世界和意识世界并行的数字世界的出现，正在带动下一次技术革命的浪潮。我们如此幸运，正在见证这一切的起源、发生和发展。

然而，在众多的变化中，仍存在不变的部分。

商业是人类长期发展出来的一种古老且持久的协作方式，合理性和合利性共同推动了商业的进步。商业的本质是两个不断重复的"要和给"的游戏：第一个游戏是客户提出需求，商家提供产品或服务；第二个游戏是老板提出要求，员工提供劳动或服务。这两个游戏一直都存在，且是永恒不变的。

无论一个人是企业的一员，还是老板，每天都在不断进行这种"要和给"的游戏。尽管行业、形式和工具可能不同，但其本质是相通的。我也相信，未来商业的本质依然如此。

我们要么努力理解客户的需求，要么与客户进行沟通，以确认他们的需求，之后决策企业或组织应该提供什么服务或产品。再或者，我们接受一个已经理解客户需求的领导的指挥，根据他对客户需求的理解来交付结果。这些都是不同角色为商业组织创造价值的方式。

当两个游戏都执行得很好时，事业就会得到蓬勃发展，因为需求得到了满足，交易得以达成，从而实现了商业价值的协同作用，使得整体效益超过了单个游戏的总和。在这种情况下，1+1 大于 2，即交易双方都获得了利益，并且双方之间的相互认知得到了增强，也就是所谓的"正和游戏"实现了。

很明显，这里的"要"指的是需求，"给"指的是供给。需求和供给之间的关系即是供需关系，也是经济学中最基本的概念之一。

做老板的确不容易，因为既需要投入大量资源和承担机会成本，也需要承担失败的风险。如果对客户的需求理解错误，或者即使理解正确但对员工的要求错误，则后果可能是承担损失甚至破产。当然，如果对客户的需求理解正确，并能正确地管理员工，尤其是持续地管理得当，那么企业就能获得成功，成功会带来荣耀，进而承担社会责任，解决社会问题，这是非常有意义的事。

在这个过程中，不变的是人类协同规律和商业规律，以及需求和供给的矛盾；变的是表现形式及解决这一矛盾的方式。回顾这几年，一些趋势愈发清晰：

- 能在数字世界完成的事情，尽量在数字世界完成。因为数字世界在有了 LLM 和 AIGC 后，有了新的"给"的机制和能力。

- 能用服务化的方式交付的业务，就尽量用服务化的方式来交

213

付。很多时候，因为客户需要的是服务而不是产品，服务的逻辑是人的逻辑，是生态的逻辑。"正和游戏"来自于生态，只有在生态逻辑中水利万物而不争，并且还有高质量生存的可能性。

- 硬件将继续平台化。软件将定义一切，这是数字化生态协同的实现方式。在这种情况下，如何做好能力封装将变得至关重要。这些年，云厂商的快速发展，以及衍生出来的各种新的硬件服务，正是这一趋势的有力证明。

回到企业的视角，随着 ChatGPT 及各种生成式 AI 的出现，需要重新思考三个边界。

- 新环境边界：在整个商业环境乃至社会环境中，物理世界和数字世界的边界在哪里，并将如何演变。

- 新客商边界：对于在环境边界寻找新机会的商家，其与客户的边界在哪里，并将如何演变。

- 新人机边界：在商家内部，为了能持续为客户交付优质的服务，机器和人的边界在哪里，并将如何演变？

总而言之，因为存在不变的部分，所以让我们的专业和内心有所安放，不必过分紧张；因为存在变的部分，所以我们应该保持谨慎、开放和学习的态度，确保在变化中依然成长并能持续发挥价值，而这应该是未来商业文明的新机会。

升级商业认知，除了要增加对合理性的认知，还要增加对合利性的认知，因为合理性和合利性会共同驱动世界的变化。我们今生有幸，可以目睹、亲历，甚至参与到这个时代的变化中来，让我一起拥抱这一变化吧！